自动化技术导论

张广明　薄翠梅　王轶卿　袁宇浩　李　俊　编著

科　学　出　版　社

北　京

内 容 简 介

本书立足自动化领域的技术产生、发展及其应用,全面地对其知识体系进行了映射。系统地阐述了自动化技术的基本思想、基本原理、重要概念、系统设计方法和计算机控制系统。结合不同领域的实际应用,重点反映了自动化技术在先进制造、工业过程、交通运输、生命系统和教育科技中的最新应用成就,突出体现了自动化技术对社会经济发展的巨大促进作用。

全书写作通俗易懂、深入浅出、图文并茂、突出应用。本书不仅适合高等院校自动化类的学生使用,也可供工程技术人员参考以及对自动化技术感兴趣的广大读者使用。

图书在版编目(CIP)数据

自动化技术导论/张广明等编著. —北京:科学出版社,2016.11
ISBN 978-7-03-050490-6

Ⅰ.①自⋯ Ⅱ.①张⋯ Ⅲ.①自动化技术–研究 Ⅳ.①TP2

中国版本图书馆 CIP 数据核字(2016)第 266792 号

责任编辑:周 丹 曾佳佳/责任校对:彭珍珍
责任印制:张克忠/封面设计:许 瑞

斜 学 出 版 社 出版
北京东黄城根北街 16 号
邮政编码:100717
http://www.sciencep.com

三河市骏走印刷有限公司印刷
科学出版社发行 各地新华书店经销

*

2016 年 11 月第 一 版 开本:720 × 1000 1/16
2018 年 1 月第二次印刷 印张:13 1/4
字数:267 000
定价:**49.00 元**
(如有印装质量问题,我社负责调换)

前　言

以系统论、控制论和信息论为基础的自动化技术，为解决人类面临的许多挑战性问题提供了一种科学系统的思想、方法和理论，同时为许多领域提供先进的生产技术和控制仪器及其设备。自动化技术不仅极大地促进了全球社会经济的发展，而且切实地提高了人们的物质文化生活，人们可以享受自动化技术带来的快捷、便利与舒适。当今社会，互联网、物联网、大数据、云计算、人工智能等信息技术的迅猛发展，给自动化技术的发展和未来注入新的动力，推动自动化技术向智能化、绿色化方向发展。

自动化是工业、农业、国防、科学技术和教育现代化的重要条件，自动化技术已经成为衡量一个国家科技发展水平和综合国力的重要标志之一。美国在 20 世纪 70 年代就推进国家信息化建设战略，21 世纪近期，德国和中国分别提出了"德国工业4.0"和"中国制造 2025"发展战略，这些都标志着人类迎来了以信息物理融合系统为基础，以生产的高度数字化、网络化、信息化、智能化为特征的第四次工业革命，也构成了当今自动化技术的主要内容和未来发展趋势。综合自动化技术的开放性与容纳性，要求自动化人才培养也要思想更加开放、知识更加综合、能力更加集成。

结合当前世界科技发展的大趋势和社会经济发展的总体需求，本书立足自动化领域的技术产生、发展及其应用，全面地对其知识体系和最新成果进行了描述，系统地阐述了自动化技术的基本思想、基本原理、重要概念、系统设计方法和计算机控制系统。结合不同领域的实际应用，重点反映了自动化技术在先进制造、工业过程、交通运输、生命系统和教育科技中的最新应用成就，突出体现了自动化技术对社会经济发展的巨大促进作用。

本书在写作体系上进行了创新探索，按照国际自动控制联合会自动化知识体系进行排列，既注重知识体系和内容的更新，又形成自动化技术领域的共识。全书写作通俗易懂、深入浅出、图文并茂、突出应用，不仅适用于各类高等院校自动化类的学生使用，也可供工程技术人员参考以及对自动化技术感兴趣的广大读者使用。

本书在撰写过程中参阅了大量相关书籍、科技论文和网页内容等文献资料，在此向这些文献作者和信息提供者致以诚挚的谢意。同时由于时间仓促与作者水平有限，书中难免存有不当之处，敬请领域专家和广大读者提出批评和建议。

作　者

2016 年 8 月于南京

目　　录

第1章 绪　论

1.1　自动化技术简述

自动化（automation）是指机械设备、系统或过程（生产、管理过程）在没有人或较少人的直接参与下，按照人的要求，经过自动检测、信息处理、分析判断、操纵控制，实现预期目标的过程。自动化的核心就是用控制论、系统论和信息论的思想去实现有目的的行为，这里不仅包含了人类肢体行为的机械化延伸，而且包含了人类高级传感行为和思维行为的信息化延伸。工业自动化是机器、设备或生产过程在不需要人工直接干预的情况下，能完全自动地按规定的要求和既定的程序进行生产，人只需要确定控制的要求和程序。自动化服务于人类，不仅使人从繁重、重复性工作以及恶劣、危险环境中解放出来，而且极大地提高了劳动生产率，进而可以更多地将人的时间和精力投入到创造性的工作中，增强了人类认识世界和改造世界的能力。

自动化技术是一门综合性技术，它和控制论、信息论、系统工程、计算机技术、电子学、自动控制、仿生学、人工智能等许多学科有着十分密切的关系。以"自动控制"和"信息处理"为核心的自动化技术也已成为推动生产力发展、改善人类生活以及促进社会前进的原动力之一。自动化技术广泛用于农业、工业、军事、交通运输、商业、医疗、科学研究、服务和家庭等方面。当今世界，自动化是工业、农业、国防和科学技术现代化的重要条件，自动化技术已经成为衡量一个国家科技发展水平和综合国力的重要标志之一。

当前，从全球范围来看，自动化技术正面临着空前的挑战和发展机遇。这种挑战首先来自社会经济和科技的发展，随着经济全球化及市场竞争的日趋激烈，自动化作为一种高科技，其作用已远不止以自动机器取代人工劳动，而成为优质高产、节能降耗、快速应变、整体优化的关键技术。不仅传统工业领域，而且各种新兴工业领域，乃至诸多社会工程，如建筑、交通、物流、港口、环保、通信等，以及农业、经济、生物等广泛领域，都对自动化提出了以提高效率、实现优化为目标的各种要求。例如，随着自动化应用技术的发展，2013 年德国政府提出了"工业 4.0"，描绘了制造业的未来前景，它指出在蒸汽机应用、规模化生产和电子信息技术三次工业革命后，人类将迎来以信息物理系统（cyber physical system，CPS）为基础，以生产的高度数字化、网络化、信息化为标志的第四次工业革命。2015 年中国政府提出了"中国制造2025"，从国家战略层面，中国制造业的智能信息化确定为未来 10 年的热点方向，这也是中国制造业转型升级的必由之路。

自动化系统随处可见，自动化技术具有很强的渗透性和扩展性，自动化技术的思想和方法可应用于各种领域，包括工程、社会、经济、管理等。通过"自动化技术导论"的学习，使自动化及其他相关专业的学生和工程技术人员全面了解自动化的基本概念，自动控制的基本原理和基本思想，自动化技术的应用状况、应用热点、前沿技术及发展趋势。

1.2　自动化发展简史

自动化发展史是一个以需求为驱动、以技术变革为牵引的发展历史，经历了从自动化装置及其发展，然后形成自动化技术，在此基础上逐步上升到自动化理论和自动化科学的过程。从时间跨度上自动化发展史大致可以分为三个阶段：自动化技术形成、局部自动化和综合自动化。

1.2.1　自动化技术形成

1. 自动化技术的形成与发展

自动化技术的前驱，可以追溯到我国古代，以指南针出现为代表。早期自动化技术在工业上的应用，一般是以瓦特的蒸汽机调速器作为正式起点。自动调节器应用标志着自动化技术进入新的历史时期。1788 年，瓦特发明离心式调速器，并与蒸汽机的阀门连接起来，构成蒸汽机转速的闭环自动控制系统。这种离心调速装置成为世界上最早的自动化装置，开创了近代自动调节装置应用的新纪元。进入 20 世纪以后，工业生产中广泛应用各种自动调节装置，促进了对自动控制系统进行分析和综合的研究工作。

2. 控制理论的形成与发展

到第二次世界大战前后，控制理论逐渐形成并发展。1877 年，英国数学家劳斯提出了著名的劳斯稳定判据。1895 年，德国数学家赫尔维茨提出著名的赫尔维茨稳定判据。劳斯-赫尔维茨稳定判据是当时能事先判定调节器稳定性的重要判据。1892 年，俄国数学家李雅普诺夫从数学方面给稳定性下了严格的定义，给出解决稳定性问题的两种方法。虽然在自动调节器中已广泛应用反馈控制结构，但从 20 世纪 20 年代开始从理论上研究反馈控制原理。1922 年，迈纳斯基研制出船舶操纵自动控制器,并且证明了如何从描述系统的微分方程中确定系统的稳定性。1927 年,美国贝尔电话实验室的电气工程师布莱克在解决电子管放大器失真问题时,首先引入反馈的概念。1932 年,美国电信工程师奈奎斯特提出著名的奈奎斯特稳定判据,可以直接根据系统的传递函数来判定反馈系统的稳定性。

1.2.2　局部自动化

1. 局部自动化技术

20 世纪 40 年代是控制理论与技术形成的关键时期,随着机械、电气和电子技术的发展,一批科学家为了解决军事上提出的火炮控制、鱼雷导航、飞机导航等技术问题,开始研究以分析和设计单变量控制系统为主要的经典控制理论与方法。由于第二次世界大战期间军事技术的发展,以及战后把这些技术向机械、航空和化工等领域推广,PID 调节器已广泛应用在工业上,并用电子模拟计算机来设计自动控制系统。当时在工业上实现了单个过程或单个机器的局部自动化。

20 世纪 30 年代出现了标准气动单元组合仪表,20 世纪 50 年代研制出了电动单元组合仪表,为工业自动化提供了必不可少的控制模块,并使得构成和设计自动控制系统更简便、更工程化。一方面应用了 PID 调节器或其他自动调节装置,另一方面又用继电器来实现启动、停车、连锁和保护等功能。当时的 PID 调节器是电动的、气动的或液压的。生产自动化促进了自动化仪表的进步。50 年代以后,自动控制作为提高生产率的一种重要手段开始推广应用。它在机械制造中的应用形成了机械制造自动化;在石油、化工、冶金等连续生产过程中应用,对大规模的生产设备进行控制和管理,形成了过程自动化。电子计算机的推广和应用,使自动控制与信息处理相结合,出现了业务管理自动化。

2. 经典控制理论

在 1943～1946 年,美国电气工程师埃克特和物理学家莫奇利为美国陆军研制成世界上第一台基于电子管和数字管的计算机(electronic digit computer)——电子书积分和自动计数器。随后人们对计算机进行了多次改良,使之更加实用。1946 年,美国福特公司的机械工程师哈德首先提出用自动化一词来描述生产过程的自动操作。

1945 年后出现了系统阐述经典控制理论的著作。1948 年,维纳出版了《控制论》,为控制论奠定了基础。1952 年,迪博尔德第一本以自动化命名的《自动化》一书出版,他认为自动化是分析、组织和控制生产过程的手段。实际上,自动化技术是将自动控制用于生产过程的结果。1954 年,钱学森在美国出版了《工程控制论》，书中所阐明的基本理论和观点，奠定了工程控制论的基础。

1960 年，在第一届全美联合自动控制会议上提出经典控制理论这个概念。经典控制理论的研究对象是具有单输入、单输出的单变量系统，而且多数是线性定常系统。使用的数学工具是微分方程、拉氏变换等。研究方法有传递函数法、频率响应分析法（如伯德图）、直观简便的图解法（如根轨迹法）和描述函数法。主要代表人物有美籍瑞典科学家奈奎斯特、美国科学家伯德及埃文斯等。

1.2.3 综合自动化

1. 综合自动化技术发展

综合自动化广泛采用电子计算机、智能机器人、自动控制系统、自动搬运机、自动化仓库，以及质量控制系统和自动管理系统等组成的自动化车间和自动工厂。综合自动化系统能加强生产系统对市场动态的应变能力，极大提高设备的使用率和企业的投资效益，并能避免由主观因素造成的损失。现代综合自动化正向计算机集成制造系统发展。这是一种包括从产品计划、设计、制造、检验直至包装、运输、销售和市场分析等所有环节在内的计算机优化与计算机控制系统。重视生产环节的有机结合，强调信息化利用，使得整个生产系统具有高度的灵活性。

20 世纪 50 年代末微电子技术有了新的突破，成为综合自动化时期的萌芽期。例如，1958 年出现晶体管计算机，1965 年出现集成电路计算机，1971 年出现单片微处理机。微处理机的出现对控制技术产生了重大影响，控制工程师可以很方便地利用微处理机来实现各种复杂的控制，使综合自动化成为现实。20 世纪 60 年代，复杂的工业生产过程、航空及航天技术、社会经济系统等领域的进步使自动控制理论、信息处理技术等得以迅速发展，自动化水平极大提高。两个显著进展是数字计算机得到广泛应用以及现代控制理论的诞生，尤其是将自动控制与信息处理技术相结合，使自动化进入到生产过程的最优控制与管理的综合自动化阶段。到了 21 世纪，自动化技术进入了计算机自动设计的年代。

20 世纪 80～90 年代，大规模、复杂工程和系统，涉及许多用现代控制理论难以解决的问题，促进了自动化的理论、方法和手段的革新，于是出现了大系统的系统控制和复杂系统的智能控制，出现了综合利用计算机技术、通信技术和人工智能等成果的高级自动化系统，如计算机集成制造系统、柔性制造系统（flexible manufacturing system，FMS）、智能机器人、专家系统、办公自动化、决策支持系统等。高级自动化系统被广泛地应用到国防、科学研究和经济等各个领域，实现更大规模的自动化，如大型企业综合自动化系统、城市交通控制系统、铁路自动调度系统、国家电网自动调度系统、国民经济管理系统等。自动化将在更大程度上模仿人的智能，20 世纪 70 年代开发出来的一批工业机器人、感应式无人搬运台车、自动化仓库和无人叉车成为综合自动化的强有力的工具。机器人已在工业生产、海洋开发和宇宙探测等领域得到应用，专家系统在医疗诊断、地质勘探等方面取得显著效果。

2. 现代控制理论

现代控制理论是在 20 世纪 50 年代中期迅速兴起的空间技术的推动下发展起来的。空间技术的发展迫切要求建立新的控制原理，以解决诸如把宇宙火箭和人造卫星用最少燃料或最短时间准确地发射到预定轨道等一类的控制问题。20 世纪 70 年代，现代控制理论大力发展，确立了状态空间概念，以状态空间法、极大值原理、动态规划、卡尔曼-布什滤波为基础的分析和设计控制系统的新的原理和方法已经确立，标志着现代控制理论的形成。1958 年，苏联科学家庞特里亚金提出了名为极大值原理的综合控制系统的新方法。在这之前，美国学者贝尔曼于 1954 年创立了动态规划，并在 1956 年应用于控制过程。他们的研究成果解决了空间技术中出现的复杂控制问题，并开拓了控制理论中最优控制理论这一新的领域。1961 年，美国学者卡尔曼建立了卡尔曼滤波理论，因而有可能有效地考虑控制问题中所存在的随机噪声的影响，并把状态空间法系统地引入控制理论中，对揭示和认识控制系统的许多重要特性具有关键的作用。其中能控性和能观测性尤为重要，称为控制理论两个最基本的概念。目前现代控制理论所包含的学科内容十分广泛，主要的方面有：线性系统理论、非线性系统理论、最优控制理论、随机控制理论、自适应控制理论、模型预测控制、鲁棒控制理论等。

1.3　自动化技术的发展

在论及自动化技术的发展方向之前，首先应该关注自然科学技术的发展趋势。一般认为，信息科学和生命科学仍然是 21 世纪的前沿科学。而信息科学与生命科学的交叉研究是未来几十年的大趋势，只有在认清这种大趋势下谈论自动化技术的发展方向才有意义。学科交叉研究始终是自动化技术发展的动力。现代化工业生产和科学技术的发展，对自动化技术提出越来越高的要求，同时也为自动化技术的革新提供了必要条件。

1.3.1　工业自动化技术

21 世纪，在综合自动化技术促进下，工业朝着数字化、智能化、网络化与集成化的方向发展，制造业自动化技术的互补与渗透，正不断朝着高度一体化、信息化、集成化方向协同发展。在自动化技术领域中，信息技术推进了自动化领域的发展。目前，由于计算机网络技术和控制技术的结合，自动化技术已不再停留于理论和实验阶段。各种先进控制技术已进入实践并用于分布式控制系统、可编程序控制器等控制器中，而且这种趋势在不断加快。同时自动控制领域的三大支柱：可编程序控制器（programmable logic controller，PLC）、分布式控制系统（distributed control system，DCS）、工控机（industrial personal computer，IPC），形成了具有混合控制策略的 PLC/DCS 混合控制系统（hybrid control system，HCS）。HCS 的主要特点是构建一个公共的、集成的开发环境，提供通用开发平台、共用标签和单一数据库，以满足多领域自动化系统设计和集成的需要。同时它采用了可自由组合的模块化的硬件架构，减少系统升级带来的开销。当前工业自动化关注的热门技术包含仪器仪表智能化、控制系统网络化、工业通信无线化、物联网与自动化等技术。

1. 仪器仪表智能化

在控制系统中，仪器仪表作为其构成元素，它的技术进展是跟随控制系统技术的发展而发展的。目前控制理论已发展到智能控制阶段，自动化仪器仪表更加趋于智能化。仪器仪表的智能化主要归结于微处理器和人工智能技术的发展与应用。运用智能技术，使仪器仪表实现高速、高效、多功能灵活等性能。

2. 控制系统网络化

21 世纪的控制系统将是网络与控制结合的系统。对网络化控制系统的研究已经成为当前自动化领域中的前沿课题之一。传统的控制领域开始向网络化方向发展，控制系统的结构从最初的计算机集中控制系统（centralized control system，CCS），到第二代的 DCS，发展到现在的现场总线控制系统（fieldbus control system，FCS）。由于图像、语音信号等大数据对高速率传输的要求，工业以太网与控制网络的结合，将嵌入式技术、工业控制网络互联、无线技术等技术融合，拓展了工业控制领域的发展空间。

3. 工业通信无线化

无线通信技术作为有线控制系统的补充，正广泛应用于工业自动化系统中，也是工业自动化产品的一个新增长点。无线通信的数据安全性是人们所关心的，但可以通过加安全密码和加密密码等一系列措施来确保数据的安全传输。在近期，工业无线技术仍是传统有线技术的延伸，大多数仪表以及自动化产品会嵌入无线传输的功能。国际上对于无线技术的研究处于起步阶段，相关的标准也在制定之中。

4. 物联网与自动化

从"管理、控制、智能"的角度来看，物联网与工业自动化是一脉相承的，工业自动化包含采集、传输、计算等环节，而物联网是全面感知、可靠传递、智慧处理，两者是相通的。物联网只是更加强调无线、海量数据采集、智能计算等。物联网与自动化技术是有着十分密切的联系的。两者的区别是：传统的自动化网络多是通过有线网络来实现，网络连接范围较窄，而在传感网络中，无线网络成为主要的传输路径，且连接的范围更加广泛。

1.3.2　信息化技术

1. 新一代信息化技术

信息化是以现代通信、网络、数据库技术为基础，对所研究对象各要素汇总至数据库，供特定人群生活、工作、学习、辅助决策等，和人类息息相关的各种行为相结合的一种技术。使用该技术后，可以极大地提高各种行为的效率，为推动人类社会进步提供极大的技术支持。信息化代表了信息技术被高度应用，信息资源被高度共享，从而使得人的智能潜力以及社会物质资源潜力被充分发挥，个人行为、组织决策和社会运行趋于合理化的理想状态。同时信息化也是 IT 产业发展与 IT 在社会经济各部门扩散的基础之上的，不断运用 IT 改造传统的经济、社会结构从而通往如前所述的理想状态的一段持续的过程。

信息化需要信息学、测量学、控制理论、系统学、计算机科学、管理科学以及各种专业的学科交叉与融合才能实现。工业信息化是指在工业的生产、管理、经营过程中，通过信息基础设施，在集成平台上，实现信息的采集（传感器及仪器仪表）、信息的传输（通信）、信息的处理（计算机）以及信息的综合应用（自动化、管理、经营等功能）等。将信息技术用于企业产品设计、制造、管理和销售的全过程，以提高企业的市场应变能力和竞争能力。信息化主要分为如下五个层次。

1）产品信息化

产品信息化是信息化的基础，含两层意思：一是产品所含各类信息比重日益增大、物质比重日益降低，产品日益由物质产品的特征向信息产品的特征迈进；二是越来越多的产品中嵌入了智能化元器件，使产品具有越来越强的信息处理功能。

2）企业信息化

企业信息化是国民经济信息化的基础，指企业在产品的设计、开发、生产、管理、经营等多个环节中广泛利用信息技术，并大力培养信息人才，完善信息服务，加速建设企业信息系统。企业想实现部门的信息综合集成，实际主要就是要实现企业业务集成和管理集成，从整个信息化建设角度看，要分部门级应用、数据大集中、信息快准稳、多数据源综合集成、信息化管控五个台阶实现。

首先要实现部门级应用，即每个部门能够实现自主采集、输入和查看本机数据，这是信息化普及的基础。在部门级应用通畅的情况下，进行跨部门数据大集中，即将所有关键业务的数据集中管理和共享，这是实现信息化综合集成的根本。在数据集中的基础上，要着力解决一手数据快准稳问题，即数据获取快、数据准确性高、数据来源稳定，为管理信息化发挥切实效益提供基础保障。多数据源综合集成包括产品维度的综合集成、企业管理维度的综合集成、价值链维度的综合集成三个方面。信息化管控是信息化综合集成所期望达到的管理形态，即流程固化、管办分离。这既需要强大的信息化实施推进力，也需要管理的二次提升和在此基础上进行的信息化应用的二次优化。

3）产业信息化

产业信息化指农业、工业、服务业等传统产业广泛利用信息技术，大力开发和利用信息资源，建立各种类型的数据库和网络，实现产业内各种资源、要素的优化与重组，实现产业的升级。

4）国民经济信息化

国民经济信息化指在经济大系统内实现统一的信息大流动，使金融、贸易、投资、计划、通关、营销等组成一个信息大系统，使生产、流通、分配、消费等经济的四个环节通过信息进一步连成一个整体。国民经济信息化是各国急需实现的目标。

5）社会生活信息化

社会生活信息化指包括经济、科技、教育、军事、政务、日常生活等在内的整个社会体系采用先进的信息技术，建立各种信息网络，大力开发有关人们日常生活的信息内容，丰富人们的精神生活，拓展人们的活动时空。社会生活极大程度信息化以后，我们也就进入了信息社会。

2. 自动化与信息化融合发展

工业自动化主要包含三个层次，从下往上依次是基础自动化、过程自动化和管理自动化，其核心部分是基础自动化和过程自动化。工业信息化的三个层次为监控软件、过程控制层、资源管理决策层等。工业过程自动化是工业企业信息化的基础，制造业信息化的快速推进，也必将依托于自动化和信息化的发展。自动化必须与信息化结合才能够发挥最大功效。在自动化发展过程中，与信息化是相辅相成的，必须互相融合。从发展历程来看，过去的自动化所针对的研究对象是生产线上装备的检测装置、执行机构、控制系统等，从本质上讲这些都离不开信息技术。目前企业信息化是以计算机、通信等信息技术为手段，企业管理与生产管理为对象，着眼点在管理的信息化上，如用于企业管理的 ERP，用于生产过程管理的 MES。受信息化影响，自动化技术的内涵也已经发生了变化，面向的对象不完全停留在装备上，已经延伸到生产管理和企业管理中，开始向上层信息化延伸，向下层集成化发展。

传统自动化技术与信息技术加速了融合进程。这一方面体现在信息技术快速进入工厂自动化系统的各个层面，改变了自动化系统长期以来不能与信息技术同步增长的局面；另一方面也体现在传统工业控制层与 IT 信息管理层的互联互通，集成融合。近几年来，现代自动化的发展呈现出智能化、网络化和集成化趋势，很多自动化企业也通过信息化与自动化融合的理念推出了很多解决方案与产品。从这些产品、解决方案在制造企业中的应用成果，可以看出自动化与信息化的融合已经有效地加快了制造业走向信息化的步伐。

3. 新一代信息技术发展方向

近年来，以移动互联网、云计算、大数据、社交网络为特征的第三代信息技术架构蓬勃发展。新一代信息技术，重点体现在如下三个方向。

（1）网络互联的移动化和泛在化。信息网络发展实现了计算机与计算机、人与人、人与计算机的交互联系，通过泛在网络形成人、机、物三元融合的世界，进入万物互联时代。

（2）信息处理的集中化和大数据化。云计算将服务器集中在云计算中心，通过虚拟化技术将一台服务器变成多台服务器，能高效率地满足众多用户个性化的并发请求。

（3）信息服务的智能化和个性化。"智能化"是一个动态发展的概念，它始终处于不断向前发展的计算机技术的前沿。信息服务智能化已是信息时代发展的世界潮流和趋势。个性化信息服务，采用"以用户为中心"的服务模式，根据用户的个性化信息需求，利用现代信息技术、数字化信息资源，主动向用户提供具有针对性的能满足用户个性化信息需要的信息和服务。

1.3.3 智能化技术

工业控制自动化技术是一种运用控制理论、仪器仪表、计算机和其他信息技术，对工业生产过程实现检测、控制、优化、调度、管理和决策，达到增加产量、提高质量、降低消耗、确保安全等综合性技术。工业控制自动化技术作为 20 世纪现代制造领域中最重要的技术，解决了生产效率与产品质量一致性问题，自动化系统本身并不直接创造效益，但它对企业生产过程有明显提升作用。从自动化到智能化，要走很长的路，自动化可以让工业制造流程达到效率要求，但要达到随时应对市场要求，弹性调整产能、促进空间有效利用，以及有效降低生产成本等智能化的要求，就不能只靠自动化技术解决，需要工厂有一个聪明的"大脑"，可以进行判断、调控。智能化技术目前在流程工业、工业制造以及日常生活中广泛使用，以信息化为载体，推动自动化技术迅速发展，成为自动化技术发展的热点方向。

1. 第四次工业革命——从智慧工厂到智能生产

"工业 4.0"是德国政府提出的一个高科技战略计划，是指利用物联信息系统将生产中的供应、制造、销售信息数据化和智慧化，最后达到快速、有效、个人化的产品供应。"工业 4.0"概念包含了由集中式控制向分散式增强型控制的基本模式转变，目标是建立一个高度灵活的个性化和数字化的产品与服务的生产模式。在这种模式中，传统的行业界限将消失，并会产生各种新的活动领域和合作形式。

"工业 4.0"项目主要分为两大主题和三个设想。两大主题：一是"智能工厂"，重点研究智能化生产系统及过程，以及网络化分布式生产设施的实现；二是"智能生产"，主要涉及整个企业的生产物流管理、人机互动以及 3D 技术在工业生产过程中的应用等。三个设想：一是"产品"，集成有动态数字存储器、感知和通信能力，承载着在其整个供应链和生命周期的各种必需信息。二是"设施"，由整个生产价值连锁集成，可实现自组织；三是"管理"，能够根据当前的状况灵活管理生产过程。

2. 智能化工厂

智能化工厂的系统将具有自主能力，可采集与理解外界及自身资讯，并可分析判断及规划自身行为。整体可视技术的实践，结合信号处理、推理预测、仿真及多媒体技术，将展示现实生活中的设计与制造。目前，智能工厂的发展已经进入新阶段。在数字化工厂的技术上，利用物联网技术、设备监控技术等加强信息管理和服务，并掌控产销流程、提高生产过程中的可控性、减少生产线上人工干预、即时正确地采集生产线数据，以及合理地管理生产进度等。

智能制造是指以制造为中心的数字制造、以设计为中心的数字制造、以管理为中心的数字制造，并考虑了原材料、能源供应、产品销售的销售供应，提出用工程技术、生产制造、供应链这三个维度来描述工程师的全部活动。通过建立描述这三个维度的信息模型，利用适当的软件，能够完整表达围绕产品设计、技术支持、生产制造以及原材料供应、销售和市场相关的所有环节的活动。

3. 智能机器人

从广泛意义上理解所谓的智能机器人，它给人的最深刻的印象是一个独特的进行自我控制的"活物"。智能机器人具备形形色色的内部信息传感器和外部信息传感器，如视觉、听觉、触觉、嗅觉。除具有传感器外，它还有效应器，作为作用于周围环境的手段。由此也可知，智能机器人至少要具备三个要素：感觉要素，反应要素和思考要素。智能机器人能够理解人类语言，用人类语言同操作者对话，并能分析出现的情况，调整自己的动作以达到操作者所提出的全部要求，能拟定所希望的动作，并在信息不充分的情况下和环境迅速变化的条件下完成这些动作。

4. 智能家居

智能家居是以住宅为平台，利用综合布线技术、网络通信技术、安全防范技术、自动控制技术、音视频技术将家居生活有关的设施集成，构建高效的住宅设施与家庭日程事务的管理系统，提升家居安全性、便利性、舒适性、艺术性，并实现环保节能的居住环境。智能家居可以定义为一个过程或者一个系统。利用先进的计算机技术、网络通信技术、综合布线技术、将与家居生活有关的各种子系统，有机地结合在一起，通过统筹管理，让家居生活更加舒适、安全、有效。

1.3.4 绿色自动化技术

1. 绿色自动化技术研究内容

绿色自动化技术的概念，就是要通过生产过程设计和自动化控制技术来达到生产过程对周围环境的污染和损害程度的最小化。绿色自动化还要解决绿色设计理论和方法，要为绿色产品开发清洁生产技术和绿色制造技术。

绿色自动化技术主要含有如下几方面内容。

（1）能源绿色技术：能源消耗优化、能源控制过程优化等技术，以达到节约能源、减少污染的目的。

（2）减少生产过程中的污染：减少生产过程的废料，减少有毒有害的废水、废气、废渣等物质，降低噪声和振动等。机电产品噪声控制技术需求，包括声源识别、噪声与声场的测量、动态测试、分析与显示技术，机器结构振动和振动控制技术、低噪声优化设计、减振降噪技术等。

（3）产品可回收技术：提出可回收零件及材料识别与分类系统，开展零件再使用技术研究，包括可回收零部件的修复、检测，使其符合产品设计要求，进行回收再利用新技术的研究。

（4）材料的绿色技术：研发新一代的功能材料和节能材料，尽量使用材料无毒、无害化技术，针对高分子材料，研究废旧高分子材料回收的绿色技术。

（5）工厂绿色环保运行：工厂的废料循环利用和无污染化则是平稳运行时的绿色环保要求。在出现故障和爆炸时，污染最小化是绿色环保要求，一般通过工艺过程的设计来实现故障时的无污染。

2. 绿色自动化发展方向

简言之，绿色自动化是全球可持续发展战略在自动化领域中的体现，是摆在自动化学科面前的一个崭新课题。信息化、智能化和绿色化是 21 世纪自动化技术的发展趋势，这种趋势将影响人们的生活。从科学的层次上，将是自动化理论与生物科学的交叉促进发展的趋势，这种趋势可能在未来几十年影响人们的生活。

综上所述，自动化技术的发展可归纳为如下结论。

（1）信息化推动自动化技术快速发展，智能化是自动化技术发展的高级目标。

（2）网络自动化理论是一个新的挑战。

（3）生命科学（尤其是脑科学）与自动化技术相互促进、相互发展。

（4）绿色自动化将越来越占据相当突出的地位。

（5）低成本自动化是自动化技术应用领域急需解决问题。

（6）自动化技术的开放性与容纳性，要求自动化技术从业人员思想更加开放、知识更加综合、能力更加集成。

第 2 章　自动控制系统设计方法

2.1　自动控制系统

在介绍自动控制系统之前，首先简要介绍"系统"一词。随着科学的进步，对于"系统"的定义众说纷纭，文献中流传 40 种之多。其中，贝塔朗菲将"系统"定义为"相互作用的多元素的复合体"；《韦氏大辞典》将"系统"解释为"有组织的或被组织化的全体"；科学家钱学森将"系统"定义为"有相互作用和相互联系的若干组成部分结合而成的具有特定功能的整体，而且这个系统本身又是它所从属的一个更大的系统的组成部分"。

无论对于"系统"本身的定义如何，可以得到的是，系统一定是具有多元性、相关性、整体性、演化性等普遍特性的一个整体。虽然"系统"的定义比较抽象，但是，人们逐渐从不同的角度对各种系统进行了一定的分类归纳，从表 2-1 中可以看出，系统是具体的、可以把握的。

表 2-1　系统分类

分类标准	系统类别	举例
组成系统的内容	物质系统	无机系统、生命系统
	概念系统	科学体系、世界观
系统与环境的关系	封闭系统	绝热条件下进行化学反应的密闭器
	开放系统	实际系统都是
系统状态与时间的关系	静态系统	一座山、建筑（相对）
	动态系统	气象系统、社会系统
系统要素的性质	自然系统	天体系统、海洋系统
	人工系统	计算机、航天飞机
	复合系统	工业系统、水利系统
系统的复杂性程度	小型系统	氢原子
	中型系统	学校、企业
	大型系统	生态系统、农业系统
	巨型系统	银河系、人类社会

人类认识和研究各种系统的过程，实际上就是对系统所提供的各类信息的处理过程，关于这一点，本书将在第 3 章中具体介绍。本章中对于系统的设计原则、目的以及评价进行简要介绍。

在对实际事物进行研究的过程中，通常要将研究对象进行"系统"化，即进行系统设计。系统设计是拟定能满足预定目标的系统的过程。系统设计的原则为追求整体最优、主导时间为重、信息分类明确、综合多种知识的技术。在对系统的研究中，人们越来越多地加入自身的因素，以期能够预测、掌握、调整系统，获得更好的目标，这也就是本章将要介绍的自动控制系统。

自动控制系统（automatic control system）是由被控对象（简称对象）和自动控制装置按一定方式连接起来的、能自动完成一定控制任务的总体。其基本特征是控制系统中各个部件之间存在着控制的信息联系，控制目的是使被控对象的输出能自动按预定的规律运行，并达到预期目的。

2.2　自动控制系统的组成及分类

2.2.1　自动控制系统的组成

通常，自动控制装置包括测量变送元件、比较元件、调节元件及执行元件等部分。在研究自动控制系统组成和各部分之间相互作用的过程中，经常借助系统方框图。在方框图中，装置或元件用方框表示，信号用有单一方向的箭头表示。进入方框的箭头表示该装置的输入信号，离开方框的箭头表示该装置的输出信号。方框图还包含有信号的分支点（表示信号分成多路取出，也称为取出点）和相加点（表示多个信号的代数加减运算）。典型的自动控制系统的组成方框图，如图 2-1 所示。

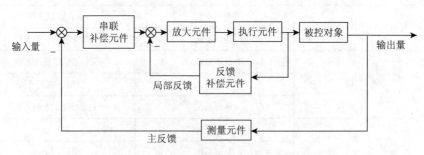

图 2-1　自动控制系统的基本组成框图

（1）被控对象（plant）：控制系统所控制和操纵的对象，一般是指所需控制的设备或生产过程。

（2）测量元件（measurement element）或测量装置（measurement device）：用于测量被控量（系统输出量）的实际值，并经过信号处理转换为与被控量有一定函数关系，且与控制输入信号具有同一种能量形式的信号。测量元件是一种典型的反馈部件。

（3）比较元件（或比较器）：它将被控量的实际值（常取负号）与被控量的要求值（常取正号）相比较，得到偏差的大小。常用的比较部件有差动放大器、机械差动装置和电桥电路等。

（4）放大元件：将控制器输出信号放大并进行能量形式变换，使其在形式、幅值及功率上能满足执行机构要求。它可用晶体管、晶闸管及集成电路等组成电压放大器和功率放大器。

（5）执行元件：根据控制信号的大小和方向对被控对象进行直接操作，使被控量按要求发生变化。用来作为执行机构的有气动调节阀、电动调节阀、电动机及液压马达等。

（6）校正元件：也称为控制器，它是为了改善控制系统的控制性能而加入的。它根据误差信号并按照某种控制规律产生控制信号，通过执行机构对被控对象施加影响，使被控对象按照预定要求进行工作。校正元件根据其在控制系统中的位置不同，分为串联校正和并联校正。最简单的校正装置是由电阻和电容组成的无源或有源网络，复杂的校正装置需用计算机实现。

（7）给定环节：根据工艺要求给出被控量的期望值来产生控制输入信号的装置。

2.2.2　常用术语

（1）被控对象或对象：需要被控制的工作设备及其过程。

（2）被控变量、被控参数：表征被控的工作设备、机器以及过程的工作状态并需要加以控制的物理参数。广义地说，它是一个环节或系统受到作用（控制作用或干扰作用）后被控制物理量的反应，也叫环节或系统的输出量。

（3）控制量、设定值：要求被控制的工作机器、设备或过程的工作状态应保持的数值。广义地说，需要某一环节或系统的工作状态达到所要求的目标而对环节或系统施加的作用量，也称为环节或系统的输入量。

（4）扰动量（干扰）：使输出量偏离所要求目标，或者说妨碍达到目标所作用的物理量称为扰动量。对于环节或系统来说，它也是受到一种输入作用，是输入量的一种。

（5）测量值：检测元件与变送器获取的输出量信号。

（6）偏差：被控对象的实际输出量设定值或状态值与实际测量值或状态值之差。

2.2.3　自动控制系统的分类

自动控制系统的种类很多，它们的结构性能和完成的任务也各不相同。以下给出几类主要的分类方法。

1. 按照控制系统输入信号特征分类

1）恒值控制系统

恒值控制系统的给定值为常量，控制系统的任务是尽量排除各种扰动的影响，以一定精度维持系统被控量在期望的数值上。恒值控制系统分析、设计的重点是研究各种扰动对被控对象的影响以及抗扰动措施。在恒值控制系统中，给定值可以随生产条件的变化而改变，但一经调节后，它又保持不变。在工业生产过程中。被控量为温度、压力、流量、液位、速度、张力参数的控制系统都属于恒值控制系统。

2）随动控制系统

随动控制系统又称为伺服控制系统或跟踪控制系统，这类控制系统的给定值不是一个常值，而是一个难以事先确定的、随时间变化的量。此类系统要求被控量能以一定的精度迅速平稳地跟随给定值的变化。随动控制系统分析、设计的重点是研究被控量跟随的快速性和准确性。雷达天线的自动跟踪系统、船舶驾驶舵角位置跟踪系统、函数记录仪就是典型的随动控制系统。

3）程序控制系统

程序控制系统的给定值不是常量，但事先是可以确定的、随时间有规律变化的量。这类系统要求被控量能迅速、准确地跟随给定值变化。典型的程序控制系统有电梯控制系统和皮带传送系统等。

2. 按照控制方式分类

1）开环控制系统

开环控制是一种最简单的控制方式，它是指控制装置与被控对象之间只有顺向作用而没有反向联系的控制过程。按照这种方式组成的控制系统称为开环控制系统。其特点是系统的输出量不会对控制作用产生影响。开环控制系统方框图如图 2-2 所示。

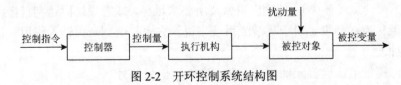

图 2-2　开环控制系统结构图

在开环控制系统中，对于每一个输入量，就有一个与之对相应的工作状态和输出量。根据输入量不同，开环控制系统可以按给定量控制方式组成，也可以按扰动控制方式（也称前馈控制方式）组成。开环控制系统的精度取决于元器件的精度和特性调整的精度。当系统的扰动量影响不大时，并且控制精度要求不高时，可采用开环控制。

2）闭环控制系统

闭环控制系统又称反馈控制系统。反馈控制方式是自动控制系统最基本的控制方式，也是应用最广泛的一种控制方式。其特点是在控制器与被控对象之间不仅存在着正向作用，还存在着反馈作用。不论何种原因使被控量偏离期望值而出现偏差，总会产生一个相应的控制作用去减小或消除这个偏差，使被控量与期望值趋于一致。按反馈控制方式组成的控制系统称为反馈控制系统。一般反馈控制系统是负反馈控制系统，如图 2-3 所示。反馈控制系统具有抑制任何内、外扰动对被控量产生影响的能力，有较高的控制精度。

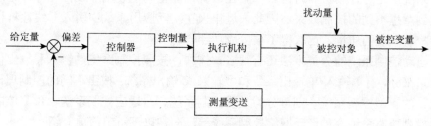

图 2-3　闭环控制系统结构图

3）复合控制系统

在反馈控制方式的基础上，增加了针对主要扰动的前馈控制方式（主要克服扰动对系统的不利影响），称为复合控制方式。按照复合控制方式组成的系统，称为复合控制系统。对于可测量的扰动，可以采用适当的补偿装置（前馈控制器）对其进行控制。同时，再组成反馈控制系统实现按偏差控制，以消除其余扰动产生的偏差。

这种复合控制系统的特点是反馈控制系统比较容易设计，系统的主要干扰已被补偿，控制效果较好。它综合了闭环系统和开环系统的优点。

3. 按照控制系统元件的特性分类

1）线性控制系统

当控制系统的各个元件的输入/输出特性是线性特性，控制系统的动态方程可以用线性微分方程（或线性差分方程）来描述，则称这种控制系统为线性控制系统。

线性控制系统的特点是可以运用叠加原理，当系统存在几个输入信号时，系统的输出信号等于各个输入信号分别作用于系统时的输出信号之和。

如果描述系统的线性微分方程的系数不随时间而变化，则称为线性定常控制系统。这种系统的响应曲线只取决于输入信号的形状和系统的特性，而与输入信号施加的时间无关。若线性微分方程的系数是随时间而变化的参数，则称为线性时变系统。这种系统响应曲线不仅取决于输入信号的形状和系统的特性，而且与输入信号施加的时间有关。

2）非线性控制系统

当控制系统中有一个或一个以上的非线性元件时，控制系统的动态过程就用非线性方程来描述，由非线性方程描述的控制系统称为非线性控制系统。在控制系统中常见的非线性元件有饱和非线性、死区非线性、磁滞非线性和继电器特性非线性等。

非线性控制系统的特点是不能运用叠加原理。严格地讲，实际的控制系统都存在不同程度的非线性特性，但对大部分的非线性特性，当系统变量变化范围不大时，可对非线性特性进行"线性化"处理，经过这种近似处理的系统就可以用线性系统理论进行分析和讨论。如果在系统中能正确地使用非线性元件，有时可以收到意想不到的控制效果。因此，近年来在实际应用系统中引入非线性特性以改善控制系统的质量，已取得了很多成功经验。

自动控制系统的分类方法还有很多，例如，按照控制系统的输入和输出信号的数量来分，有单输入/单输出系统和多输入/多输出系统；按照不同的控制理论分支设计的新型控制系统，则可分为最优控制系统、自适应控制系统、预测控制系统、模糊控制系统、神经元网络控制系统等，会在以下章节简单介绍。

2.3　基本形式与总体构建

2.3.1　控制系统数学模型

一个控制系统的输出变化情况与控制系统的输入（无论是干扰作用，还是给定作用）变化情况有关。系统的输入变化是系统输出变化的外部因素，系统本身特性才是系统输出变化的内在因素。因此，要分析、研究自动控制系统的质量，或设计、改进自动控制系统，使之达到预期质量指标，首先必须了解与掌握自动控制系统本身的特性。任何自动控制系统都是由对象、控制器、执行机构和测量元件等基本环节组成，所以要对自动控制系统进行设计、分析和质量改进等，都应先掌握构成系统的基本环节的特性，特别是被控对象特性。各环节的特性和控制系统特性可用数学模型来描述。可以说，自动控制系统各环节（元件）和系统的数学模型，是对控制系统进行理论研究的基础和出发点，这一点非常重要。

1. 控制系统数学模型定义

描述控制系统输出、输入及内部变量之间相互关系的数学表达式，称为控制系统的数学模型。自动控制系统的数学模型是对自动控制系统的行为规律的一种数学描述，它反映了控制系统本身的特性。通过数学模型，可以对控制系统进行研究，不仅对系统进行定性分析，还能进行定量分析，进而找出改善系统稳态和动态性能的具体方法。

2. 数学模型建立的目的

建立数学模型的目的是实现某种控制目标。因此，数学模型的建立是和要设计的控制系统密切相关的。对于一个被控过程，要建立什么样的数学模型是取决于需要完成什么样的任务，针对不同的情况可能得到不同类型的模型。建立数学模型的目的主要有以下几种。

（1）制订工业生产过程优化操作方案。

（2）制订控制系统的设计方案，为此，有时还需要利用数学模型进行仿真研究。

（3）进行控制系统的调试和调节器参数的整定。

（4）设计工业生产过程的故障检测与诊断方案。

（5）制订大型设备启动和停车的操作方案等。

3. 数学模型的表达形式

系统的数学模型可以采取各种不同的表达形式，主要有以下几种。

（1）按控制系统的连续性分为连续系统模型和离散系统模型。

（2）按模型的结构分为输入输出模型和状态空间模型。

（3）输入、输出模型分为时域表达形式和复数域表达形式。

①时域表达形式分为微分方程、差分方程和状态方程；

②复数域表达形式分为传递函数和动态结构图。

（4）按控制系统的元件特性可分为非线性系统模型和线性系统模型。

（5）按系统参数是否变化分为定常系统模型和时变系统模型。

在控制系统的设计中，所需的被控对象数学模型在表达方式上是因情况而异的。各种控制算法却要以某种特定形式表达出来。例如，后面要提到的 PID 控制要求用传递函数表达；二次型最优控制要求用状态空间表达；基于参数估计的自适应控制通常要求用脉冲传递函数表达；预测控制要求用阶跃响应或脉冲响应表达等。

4. 数学模型的建立方法

建立数学模型有两种基本方法：机理分析法和实验辨识法。

1）机理分析法

用机理分析法建模是对系统各部分的运动机理进行分析，并根据它们所依据的物理规律或化学规律，分别列出描写这些变化规律的相应的运动方程，经过整理，从中获得所需的数学模型。

由此可见，用机理分析法建模的首要条件是机理必须已经为人们充分掌握，并且可以比较确切地加以数学描述。但在许多情况下，实际的系统和部件结构比较复杂，加之变量之间存在非线性关系，很难用机理分析法建立数学模型。正因为如此，在计算机未普及应用之前，几乎无法用机理分析法建立数学模型。

随着计算机功能的不断增强和普及使用，用机理分析法建模的研究有了迅速发展。可以说，只要机理清楚，就可以用计算机求解几乎任何复杂系统的数学模型。根据对模型的要求，合理的近似假设总是不可缺少的。模型应该尽量简单，同时保证达到合理的精度。有时还需要考虑实时性的问题。

用机理分析法建模时，有时会出现模型中有些参数难以确定的情况，这时可以通过实验辨识法把这些参数确定下来。这种混合的方法是比较理想的方法。

2）实验辨识法

在实际中完全依赖机理分析法去建立数学模型通常是不现实的，原因如下。

（1）许多被控对象的内部结构和运动规律比较复杂，机理尚未被人们熟知。

（2）有些被控对象，人们只掌握其主要的内部结构和运动规律，如果不考虑实际情况，忽略了尚未被掌握的那一部分的因素，由此建立的数学模型可能不能完全反映被控对象的本质特征，从而为以后构建使用的控制系统带来难以估计的后果。

（3）某些被控对象的内部结构和运动规律已知，但其中部分参数的数值难以确定，因而难以建立完整的机理模型。

由于上述机理分析法的局限性，通过实验辨识法获得数学模型成为一种常见的建模方法。

实验辨识法是人为地给系统施加某种测试信号，记录其输出响应，取得必要的数据，经过某种数学处理后得到的数学模型。它的主要特点是把被研究的系统视为一个黑匣子，完全从外部特性上测试和描述其动态特性，因此不需要深入地掌握其内部机理。

用实验辨识法建模一般比用机理分析法要简单和省力，尤其是对于那些复杂的系统更为明显，如果两者都能达到同样目的，一般都采用实验辨识法。但实验辨识法有它的局限性，它对具体实验的对象、具体实验的条件是正确的，但要将这些数据推广到其他对象或其他条件，则必须通过分析和修正。

用实验辨识法建模要注意两个问题：一是如何选择和确定恰当的输入激励信号，选定输入激励信号的原则是既要选定能够较为容易得到的典型信号，同时又要使被控对象在此输入信号激励后所检测到的响应便于数据处理而获得数学模型；二是从检测得到的对象输出端的响应到获得数学模型的数据处理方法，这种数据处理方法应该简单实用且能满足一定精度要求。

2.3.2　自动控制系统的性能要求

自动控制系统的基本性能要求有以下几个方面。

1. 稳定性

稳定性是自动控制系统最基本的要求，不稳定的控制系统不能正常工作。单调发散过程和发散振荡过程都是不稳定的过渡过程；单调收敛过程和衰减振荡过程都是稳定系统的过渡过程；等幅振荡过程可视为临界稳定系统的过渡过程。

与稳定性有关，还可以用平稳性来衡量一个控制系统过渡过程的好坏。即使对一个稳定的系统，也需要它的被控量的变化过程不能起伏太大、起伏次数太多。基于此，同是稳定的单调收敛过程要强于衰减振荡过程。实际上有些特定的自动化系统只允许单调收敛过程。

2. 快速性

通常，总是希望系统的过渡过程持续时间越短越好，也即系统的响应快速、灵敏。快速性好的自动控制系统才能适应快速变化的指令信号（给定信号）。基于此，衰减振荡过程要优于单调收敛过程，实际上，平稳性和快速性是矛盾的，一个性能优良的自动控制系统应较好地兼顾到这两方面的要求。

3. 准确性

系统进入新的平衡状态后，被控量的实际值与期望值之差（通常称为静态误差，简称静差）越小越好，最好静差为零，称为无差系统。

4. 安全性

安全性也是自动控制系统最基本的要求之一。要求系统无论是在动态调整过程还是稳态运行过程，必须保证在系统生命周期内应用相应的管理方法，辨识系统中的隐患，并采取有效的控制措施使其危险性最小，从而使系统在规定的性能、时间和成本范围内达到最佳的安全程度。

稳定性（包括平稳性）和快速性反应对系统过渡过程的要求，称为自动控制系统的动态特性，准确性反应对系统平衡状态的要求，称为自动控制系统的静态特性。对自动控制系统的研究（包括分析、综合）就是从动态、静态两方面围绕以上特性进行的。

2.3.3　自动化控制系统基本设备

实际的自动控制系统，无论是传统的模拟控制系统，还是以计算机为核心的数字控制系统，都由一些基本的自动化设备（部件、装置）有机组织而成。自动化"设备"与"环节"有一定的区别，环节偏于"概念"，服务于自动控制系统的理论分析与综合，"设备"偏于实物，服务于自动控制系统的物理构建。一个"设备"可以对应于多个"环节"，还可以由多个"设备"对应于一个"环节"。下面分别从自动控制系统的信息特征出发阐述自动化基本设备。

1. 传感器——信息获取

自动控制系统中需要检测被控量、状态量以构成反馈回路，需要检测扰动信号以形成前馈补偿。检测系统内部或外部的物理参数，以获取相应的信息，这是传感器所承担的任务。

在自动控制系统中，为了信息传递处理的方便，通常都将所获取的信息表示成为电信号。于是可以把待测量分为两大类：一类是电压、电流等电量；另一类是温度、流量、物位、成分等非电量。对于电量的检测较为方便，对于非电量的检测较为麻烦。用于非电量检测的传感器一般由敏感元件和转换部分组成，敏感元件直接感受被测物理量的变化，得到表示这种变化的输出，转换部分则将敏感元件的输出转换为电信号。

传感器种类繁多，其分类方法也较多，有按被测量分类，如温度传感器、流量传感器、位移传感器、速度传感器、荷重传感器；有按信号转换机理分类，如电阻式传感器、电容式传感器、电感式传感器、压电式传感器、霍尔式传感器等；有按输出信号形式分类，如模拟式传感器、数字式传感器。

另外，除了信息获取，为了后续信息处理的方便快捷，通常需要以下的信息处理设备。

（1）变送器：将现场传感器得到的信号转换成适合远距离传送的标准信号（如4～20mA 直流电信号），实现现场信息到安装在控制室中的控制器的信息传输。与之相应地还有，控制器的控制信号变换成适合远距离传送的标准信号（如 4～20mA 直流电流），实现控制器到现场执行器的信息传输。

（2）A/D 和 D/A：模拟量与数字量的相互转换，实现计算机与被控对象（生产过程）之间的信号变换与信息传输。

2. 传输设备——信息传输

在自动控制系统中信息的传输是多方面的。通常完成此任务的设备是光纤或电缆。在基于网络技术的计算机控制系统中，无论是 DCS 的控制网络，FCS 的现场总线，还是 PLC 系统的任一层网络，其功能就是网络各站点之间传输信息，交换信息，实现信息共享，达到共同完成自动控制任务的目的。

3. 控制器——信息处理

控制器通过对系统的外部信息（给定信号、扰动信号等）和内部信息（状态信号、被控量信号等）的处理，得出对被控系统对象的控制信号。控制器可视为特定的信息处理器，它按既定的控制策略（控制规则）处理信号，它输出的控制信号是它对输入信号处理的结果。传统的模拟传感器用模拟电路或机电装置实现信号处理，只能实现较简单的信号处理方式，因此，它只能实现较简单的控制规则；计算机控制系统的控制器为计算机，其强大的信号处理能力使它能实现各种复杂的控制策略，包括复杂的控制运算。

4. 执行器——信息执行

自动控制系统的目标是实现对被控对象自动的、有效的控制，使被控对象的输出量（被控量）满足期望的要求。因此，从信息的角度出发，控制信号是信息处理的结果，而作为对被控对象实施控制作用的设备——执行器，就是信息处理的落脚点，实现对信息的应用。

执行器实际上是信息流对能量流、物质流的转换装置，执行器将控制信号变换为导致被控量按要求变化所需要的物质。例如，电机调速系统的执行器——晶闸管触发及整流装置，由控制电压信号的大小产生时间先后的触发脉冲，控制晶闸管导通时间的长短，改变提供给电动机的电能量；蒸汽加热温度控制系统的执行器——电动调节阀，由控制电压信号大小决定电动阀门的开度，控制蒸汽的流量，从而改变提供加热器的热水量；水箱液位控制系统的执行器——电动阀门，由控制电压信号大小决定电动阀门的开度，改变输入液流（物质）的流量。

对于自动控制系统的基本设备，通常需要达到精确性、稳定性、灵敏性、高实时性、高可靠性、高安全性等要求。

2.3.4　自动控制系统的设计

自动控制系统的控制任务就是在了解、掌握工艺流程和生产过程的静态和动态特性的基础上，根据安全性、经济性、稳定性三项要求，应用理论对控制系统进行分析和综合，最后采用适宜的技术手段加以实现。值得指出的是，为适应当前对控制的要求越来越高的趋势，必须充分注意现代控制技术在控制系统中的应用，其中控制系统的模型化研究起着举足轻重的作用，因为现代控制技术的应用在很大程度上取决于对控制系统静态和动态特性认识的深度。因此，可以说，自动控制是控制理论、工艺知识、计算机技术和仪器仪表等知识的综合应用。

自动控制系统的控制任务是由控制系统的设计和实现来完成的。自动控制系统设计和实现有如下步骤。

1. 确定控制目标

根据具体工艺流程和生产过程对控制的要求确定控制目标。为实现不同的控制目标应选择不同的控制方案。

2. 选择测量参数（被控量）

无论采用什么控制方案，都需要通过某些参数的测量来控制和监视整个生产过程。在确定了需要检测的参数后，就应选择合适的测量元件和变送器。应该注意，有些参数可能因某些原因不能直接测量，则应通过测量与之呈一定线性关系的另一参数（又称为间接变量）来获取，或者利用参数估计的方法来得到。有些控制目标只能通过计算得到，例如，加热炉中的热效率就是排烟温度、烟气中含氧量和一氧化碳含量的函数，必须分别测量这些参数，并进行综合计算才能得到。

3. 操作变量的选择

一般情况下，操作变量都是工艺规定的，在控制系统设计中没有多大选择余地。但是在有多个操作量和被调量的情况下，用哪个操作量去控制哪个被调量，还是要认真加以选择的。

4. 控制方案的确定

根据控制目标确定控制方案。控制方案的正确确定应当在与工艺人员共同研究的基础上进行。要把自控设计提高到一个较高的水平，自控设计人员必须熟悉工艺，这包括了解生产过程的机理及工艺操作的条件等。然后，应用控制理论与控制工程的知识和实际经验，结合工艺情况确定所需的控制点，并决定整个工艺流程的控制方案。

（1）控制方案的确定主要包括以下几方面内容。

①正确选定所需的检测点及其安装位置；

②合理设计各控制系统，选择必要的被控变量和恰当的操作变量；

③生产安全保护系统的建立，包括声、光信号报警系统、连锁系统及其他保护性系统的设计。

（2）在控制方案的确定中，还应处理好以下几个关系。

①可靠性与先进性的关系；

②自动控制与工艺、设备的关系；

③技术与经济的关系。

5. 选择控制算法

控制方案决定了控制算法。在很多情况下，只需采用商品化的常规调节器进行 PID 控制，即可达到目的。对于需要应用先进控制算法的情况，如内模控制、推理控制、预测控制、解耦控制以及最优控制等，它们都涉及较多的复杂计算，只能借助于计算机才能实现。控制方案和控制策略构成了设计中最核心的内容。

6. 执行器的选择

在确定了控制方案和控制算法后，就要选择执行器。

7. 设计报警和连锁保护系统

对于设计报警和连锁保护系统的关键参数，应根据工艺要求规定其高低报警值。当参数超过报警值时，应立即进行越限报警。报警系统的作用在于及时提醒操作人员密切注意监视生产状况，以便采取措施减少事故的发生。连锁保护系统是指当生产出现严重事故时，为保证设备、人身的安全，使各个设备按一定次序紧急停止运行的系统。这些针对生产过程而设计的报警和连锁保护系统是保证生产安全性的重要措施。

8. 控制系统的调试和运行

控制系统安装完毕后，应随着生产过程进行试运行，按控制要求检查和调整各控制仪表和设备的工作状况，包括调节器参数的整定等，依次将全部控制系统投入运行。

在闭环控制系统中，控制器按一定的规则将偏差信号转换为控制信号，从而对被控对象实施有效的控制，其控制的有效性就是体现在对稳定性（包括平衡性）、快速性及准确性的要求。控制器（也称调节器）的设计是构建自动控制系统最主要的任务，而控制策略的确定又是控制器设计的核心。

2.4　控制方法与理论

2.4.1　PID 控制

在控制系统中，基本的控制策略有反馈控制（闭环控制）、扰动控制（前馈控制）和 PID 控制。

反馈控制和扰动控制这两种方式在 2.2.3 节已经进行了介绍，此处不再赘述。下面介绍 PID 控制。

在生产过程自动控制的发展历程中，PID 控制是历史最久、生命力最强的基本控制方式。在 20 世纪 60 年代以前，除在最简单情况下可采用开关控制外，它是唯一的控制方式。在具体实现上经历了机械式、液动式、气动式、电子式、数字式等发展阶段，但始终没有脱离 PID 控制策略。即使到了今天，随着科学技术的迅猛发展，特别是电子计算机的诞生和发展，涌现了很多新的控制策略，然而直到现在，PID 控制律由于它自身的这些优点仍然是最广泛应用的基本控制方式。PID 控制通常有以下几种形式。

1）比例控制（P 控制）

比例控制将偏差信号 e 按比例 K_p 放大，即

$$u = K_p \times e \tag{2-1}$$

式中，e 为控制器的偏差输入；u 为控制器的输出。

这是最基本的控制策略，偏差大了，说明被控量太小，需要加大控制量使被控量快速增大，反之亦然。

2）比例+微分控制（PD 控制）

由于控制系统中被控对象及其相关环节（执行器、传感器等）存在一定的惯性或滞后，致使采用纯比例控制的系统产生振荡甚至失稳。即当偏差 e 为零，控制作用 u 为零时，控制量还要维持一段时间原来的变化过程，形成超调；而往反向调节时，又产生反向超调。如此不断地正反调节，正反超调，产生振荡，如果 K_p 值取得不合适，会使振荡幅度越来越大，导致失稳。可见纯比例控制系统动态特性较差。解决办法是产生控制作用 u 时，不仅考虑偏差 e 的存在，同时还考虑偏差 e 的变化情况，这就是比例+微分控制，即

$$u = K_p \left(e + T_d \frac{de}{dt} \right) \tag{2-2}$$

式中，T_d 为微分时间常数。微分控制具有预测的特性，改善了控制系统的动态特性。

3）比例+积分控制（PI 控制）

纯比例控制只有偏差 e 存在时才能产生控制信号 u，这样的自动控制系统在许多场合往往是有静差的，即被控量不能精确地达到期望值。因为一旦被控量精确地等于给定值，偏差 $e=0$ 时，有 $u=0$，控制器就不再产生控制作用。而对于一些被控对象，在等于零的控制作用下，是不可能维持被控量精确等于给定值的。解决这一问题的办法是在控制作用中引入"积分项"组成比例+积分控制，即

$$u = K_p\left(e + \frac{1}{T_i}\int edt\right) \tag{2-3}$$

式中，T_i 为积分时间常数。积分控制就是对偏差取时间的积分。于是，在控制量 u 中既包含对现时偏差的响应，又包含对历史所产生的偏差的积累。这样即使偏差趋于零时，控制器仍会输出较大的控制量，维持偏差为零的状态，使控制系统成为无静差的系统。可见，积分控制的作用在于消除控制系统的静差，改善控制系统的静态特性。

4）比例+积分+微分控制（PID 控制）

在实际的自动控制系统中，为保持系统具有良好的动态特性和静态特性，往往使控制器同时具有比例、积分、微分控制作用，构成比例+积分+微分控制，或称为 PID 控制，即

$$u = K_p\left(e + \frac{1}{T_i}\int edt + T_d\frac{de}{dt}\right)$$
$$u = K_pe + K_i\int edt + K_d\frac{de}{dt} \tag{2-4}$$

式中，比例增益系数 K_p、积分时间常数 T_i（积分增益 K_i）和微分时间常数 T_d（微分增益 K_d）分别表示各对应项的权重，只有合理地设置和调整它们才能得到好的控制品质。PID 控制具有以下优点。

（1）原理简单，物理概念清楚，使用方便。

（2）适应性强，可以广泛应用于化工、热工、冶金、炼油以及造纸、建材等各种生产部门。

（3）鲁棒性强，即其控制品质对被控对象特性的变化不大敏感。

2.4.2　最优控制

在古典控制理论中，反馈控制系统的传统设计方法有很多的局限性，其中最主要的缺点是方法不严密，大量地依靠试探法，设计结果与设计人员的知识和经验有很大的关系。这种设计方法对于多输入-多输出系统，或要求较高控制精度的复杂系统，显得无能为力，迫切需要探索新的设计方法。20 世纪 60 年代初，由

于空间技术的迅猛发展和计算机的广泛应用，动态系统理论得到了迅速发展，形成了最优控制理论这一重要的学科分支。最优控制理论的出现是古典控制理论发展到现代控制理论的重要标志。这个理论不仅给工程技术人员提供了一种设计先进系统的方法，而且更重要的是它给工程技术人员提出了努力的方向，怎样设计才能达到或者接近一个最优目标。因此，它在控制工程等领域得到了广泛的应用，取得了显著的成效。

1. 最优控制的基本概念

最优控制是在给定限制条件和性能指标（即评价函数和目标函数）下，寻找使系统性能在一定意义下为最优的控制规律。

所谓"限制条件"，即约束条件，指的是物理上对系统所施加的一些约束；而"性能指标"，则是为评价系统在工作过程中的优劣所规定的标准；所寻求的控制规律就是综合得出的最佳控制器。

注意：最优指的是某一个性能指标最优，而不是任何性能指标都是最优的。一个性能指标最优一般是使这个指标为极小值（或极大值），比如使控制过程时间最短，燃料消耗最少，或者控制误差最小等。因此，有些文献将最优控制或最佳控制称为极值控制。

2. 最优控制研究的主要问题

随着许多对性能要求较高的被控对象的出现，如导弹、卫星、宇宙飞船及现代工业设备等，很多控制问题都必须从最优控制的角度进行研究设计。下面介绍最优控制理论所研究的主要控制系统及其控制内容。

（1）快速性最优系统：使系统在最短时间内达到终点状态。在一些古典控制论文中就有这类系统的论述。

（2）最优导引律：各种战术导弹只有按照预定点导引律才能命中目标。所谓最优导引律就是使导弹控制系统某一个性能指标为最优的导引律。

（3）最优调节系统：当系统偏离平衡状态后能以最小性能指标返回平衡状态。

（4）最小能量控制：以控制能量的最小消耗，使系统从一个初始状态转移到最终状态。

（5）最小燃料控制：以最小燃料消耗，使系统从一个初始状态转移到最终状态，等等。

最优控制理论研究问题的例子不胜枚举，连古典控制理论中研究过的各种系统，也都可以把它们看成是广义的最优控制系统。控制工程技术人员用古典控制理论加上自己的经验设计出来的系统如果实践证明是满足的，这个系统就可以说是"最优"的。对古典控制理论来说，使性能"满足"或者"满意"，在很大程度上依赖于设计者的知识和经验。而现代控制理论中的最优控制就不是这样，用最优控制理论设计系统是一种数学解析法，答案只有一个。因此，可以从最优控制的角度对古典控制理论中的一些系统重新加以研究，这会得到一种更深刻的认识，知道如何对系统的结构与参数进行改进，就可以达到或接近最优的目标。

总之，最优控制问题可以这样来概括：给定任意初始状态，找出一个容许控制方案，把被控对象控制到希望的最终的状态，并使性能指标为最小（或最大）。

3. 最优控制的研究方法

当系统数学模型、约束条件及性能指标确定后，求解最优控制问题的主要方法有以下 3 类。

1）解析法

解析法适用于性能指标及约束条件有明显解析表达式的情况。一般先用求导方法或变分方法求出最优控制的必要条件，得到一组方程式或不等式，然后求解这组方程式或不等式，得到最优控制的解析解。解析法大致可分为两类：一类是当控制无约束时，采用经典微分法或经典变分法；另一类是有约束时，采用极小值原理或动态规划。若系统是线性的，性能指标是二次形式的，则可采用状态调节器理论求解。

2）数值计算法

若性能指标比较复杂，或无法用变量显式函数表示，则采用直接搜索法，经过若干次迭代，搜索到最优点。数值计算法又可分为如下几种。

（1）区间消去法，又称一维搜索法，适用于求解多变量极值问题，主要有斐波那契法、黄金分割法和多项式插值法等。

（2）爬山法，又称多维搜索法，适用于求解多变量极值问题，主要有变量轮换法、步长加速法、方向加速法和单纯型法等。

3）梯度型法

这是一种解析与数值结合的方法，包括如下几种。

（1）无约束梯度法：主要有陡降法、拟牛顿法、共轭梯度法和变尺度法等。

（2）有约束梯度法：主要有可行方向法和梯度投影法。

2.4.3　鲁棒控制

控制系统的鲁棒性是当代控制理论研究中非常活跃的一个领域，鲁棒性问题最早出现于 20 世纪人们对于微分方程的研究中。Black 率先于 1927 年在其专利上应用了鲁棒这一概念。何为鲁棒性呢？这个名字其实是一个音译，英文为 robust,

即健壮和强壮的意思。控制专家用这个名字来表示当一个控制系统的参数发生摄动时系统能否保持正常工作的一种特性或属性。就像人在受到外界病菌的感染时，能否通过自身的免疫系统恢复健康一样。

20 世纪六七十年代，状态空间的结构理论的形成是现代控制理论的一个重要突破。状态空间的结构理论包括能控性、能观性、反馈镇定和输入/输出模型的状态空间实现理论，它连同最优控制理论和卡尔曼滤波理论一起，使现代控制理论形成了严谨完整的理论体系，并且在宇航和机器人控制等应用领域取得了惊人的成就。但是这些理论要求系统的模型必须是已知的，而大多实际的工程系统都运行在变化的环境中，很难获得精确的数学模型，致使很多理论在实际的应用中并没有得到预期的效果。到了 1972 年，鲁棒控制这个术语在文献中首先被提出，但是对于它的精确定义至今还没有一致的说法，其主要分歧就在于对于摄动的定义上面，摄动分很多种，是否每种摄动都要包括在鲁棒性研究中呢？尽管存在分歧，但是鲁棒性的研究没有受到阻碍，其发展势头有增无减。

一般鲁棒控制系统的设计是以一些最差的情况为基础，因此一般系统并不工作在最优状态。常用的设计方法有：INA 法、同时镇定、完整性控制器设计、鲁棒控制、鲁棒 PID 控制以及鲁棒极点配置、鲁棒观测器等。

鲁棒性是系统在一定（结构、大小）的参数摄动下，维持某些性能的特性。它强调参数摄动的结构和大小，是因为在鲁棒性分析和设计中，必须考虑参数的摄动，参数的摄动表征了系统的不确定性。系统要维持的某些特性可以是稳定性，也可以是某些性能指标。

若讨论的鲁棒性，是系统在一定的参数摄动范围内维持稳定性的特性，则称为稳定鲁棒性；若讨论的是某些性能指标，则称为性能鲁棒性。显然，一个系统是性能鲁棒的，也必须同时是稳定鲁棒的。

系统在维持某些特性的条件下，所允许的某类参数摄动的最大度量，称为鲁棒度，又称鲁棒测度。

鲁棒度对鲁棒性的程度进行了定量描述。系统的鲁棒度依赖于系统要维持的特性和参数摄动的结构。对参数摄动结构了解得越多，且对系统的要求越低（如仅要求稳定性），则得到的鲁棒度必然越大。

鲁棒控制理论发展到今天，已经形成了很多人注目的理论。其中 H_∞ 控制理论是目前解决鲁棒性问题最为成功且较完善的理论体系。H_∞ 控制问题定义如图 2-4 所示。G 称为一般化控制对象的系统，它用来代表实际的控制对象和频率加权等所有控制系统的已知部分。w 为外部干扰信号。u 代表所要控制的控制对象的信号，称为控制信号。z 为输出评价信号，一般表示目标值的追随误差。y 为观测量的输出信号，K 代表控制器。

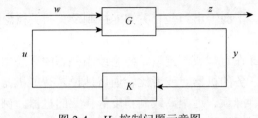

图 2-4　H_∞ 控制问题示意图

H_∞ 控制问题就是求解满足下述两个条件的控制器 K 的问题。

（1）使图上的闭环系统稳定化。

（2）使从 w 到 z 的闭环传递函数 $G_{zw}(s)$ 的 H_∞ 范数小于某一正的常数，即 $\|G_{zw}(s)\|_\infty < \gamma$。

Zames 在 1981 年首次提出了这一著名理论，他针对一个单输入/单输出的控制系统，设计一个控制器，使系统对于扰动的反应最小。他在提出这一理论之后的 30 年里，许多学者发展了这一理论，使其有了更加广泛的应用。当前这一理论的研究热点是在非线性系统控制问题。另外还有一些关于鲁棒控制的理论如结构奇异值理论和区间理论等。

综上所述，可以看出，鲁棒控制是一种控制器的设计方法，而不是一种控制策略。

根据鲁棒控制原理设计的控制器往往是很复杂的，在工程上有时是很不实用的。为了便于工程应用，通常设计鲁棒 PID 控制器。但由于鲁棒控制理论的复杂性，限制了它在工程上的大范围应用。

2.4.4　智能控制

智能控制是在人工智能、信息论、运筹学、控制论、神经心理学、哲学等多学科基础上发展起来的新兴的交叉学科，它是传统产业技术改造、研制新型产品特别是智能化产品的急需技术，是提高劳动生产率的关键技术，是一种具有生命力的新型自动控制技术。尽管智能控制这门学科建立的时间比较短，但它的发展势头却是强势的，有着非常广泛的应用前景。从智能控制的发展过程来看，智能控制的产生和发展反映了自动控制乃至整个科学技术的发展趋势，智能控制是自动化发展道路上的一个新的里程碑，这是自动化历史发展的必然规律。

1. 智能控制及其相关概念

智能控制的概念主要是在被控系统的高度复杂性、高度不确定性及要求控制性能越来越高的情况下提出来的，正如其他前沿学科一样，智能控制至今尚无一个公认的统一定义。下面给出一些有关智能控制及其相关概念的提法。

1）智能机器

智能机器是能够在定型或不定型、熟悉或不熟悉的环境中，自主地或人机交互地完成各种拟人任务的机器。或者比较通俗地说，智能机器是指那些能够自主替代人类从事危险、麻烦、远距离或高精度等作业的机器。例如，能够从事这类工作的机器人，就属于智能机器人。

2）智能控制

智能控制指在无人干预的情况下能自主地驱动智能机器实现控制目标的自动控制技术。控制理论发展至今已有 100 多年的历史，经历了"经典控制理论"和"现代控制理论"的发展阶段，已进入"大系统理论"和"智能控制理论"阶段。智能控制理论的研究和应用是现代控制理论在深度和广度上的拓展。

3）智能控制系统

由智能机器参与生产过程自动控制，而无需操作人员参与的系统称为智能控制系统。这类系统必须具有智能调度和执行等能力。

2. 智能控制系统功能及特点

智能控制系统普遍具有如下功能。

1）学习功能

智能控制系统对一个未知环境提供的信息进行识别、记忆和学习，并利用积累的经验进一步完善自身性能的功能，即在经历某种变化之后，变化后的系统性能优于变化前的系统性能，这种功能类似于人的学习功能。智能控制系统的学习功能可能有高有低，低层次的学习功能主要包括对控制对象参数的学习，高层次的学习则只是包括更新和遗忘。

2）适应功能

智能控制系统具有适应被控对象动力学变化特性、环境变化和运行条件变化的能力。这种智能行为实质上是一种从输入到输出之间的映射关系，可看成不依赖模型的自适应估计，因此它具有很好的适应性能。它比传统的自适应系统的自适应功能具有更广泛的意义。除此以外，还具有容错性和鲁棒性，即对各种故障应具有自诊断、屏蔽和自恢复的功能以及环境干扰和不确定性因素的不敏感功能。

3）组织功能

智能控制系统对于复杂任务和分散的传感器信息具有自组织和协调功能，使系统具有主动性和灵活性。即智能控制器可以在任务要求范围内自行决策，主动采取行动。当出现多目标冲突时，在一定的限制下，控制器有权自行裁决。

除以上功能外，智能控制系统还应具有相当的在线实时响应能力和友好的人机界面，以保证人机互助和人机协同工作。

智能控制系统是实现复杂控制任务的一种智能系统。它与传统的控制系统相比有以下几个特点。

（1）智能控制系统是一般具有以知识表示的非数学广义模型和以数学模型（含计算智能模型与算法）表示的混合控制过程，它适用于含有复杂性、不完全性、模糊性、不确定性及不存在已知算法的过程，并以知识进行推理，以启发策略和智能算法来引导求解过程。因此，在研究和设计智能控制系统时，不仅要把注意力放在对数学公式的表达、计算和处理上，而且要放在对任务和事件模型的描述、符号和环境的识别，以及知识库和推理机的设计开发上。也就是说，智能控制系统的设计重点不在常规控制器上，而在智能机器模型上。

（2）智能控制器具有分层信息处理和决策机构，它实际上是对人和神经结构或专家决策机构的一种模仿。复杂的大系统中，通常采用任务分块、控制分散方式。智能控制核心在最高层，它对环境或过程进行组织、决策和规划，实现广义求解。要求实现此任务需要采用符号信息处理、启发式程序设计、仿生计算、知识表示及自动推理和决策的相关技术。这些问题的求解过程与人的思维过程或生物的智能行为具有一定的相似性，即具有不同程度的"智能"。当然，低层控制也是智能控制系统必不可缺少的组成部分。它一般采用常规控制。

（3）智能控制器具有非线性。这是因为人的思维具有非线性，作为模仿人的思维进行决策的智能控制也具有非线性特点。

（4）智能控制器具有变结构特点。在控制过程中，根据当前的偏差以及偏差变化率的大小和方向，在调整参数得不到满足时，以跃变方式改变控制器的结构，以改善系统的性能。

（5）智能控制器具有总体自寻优特点。由于智能控制器具有在线特征识别、特征记忆和拟人特点，在整个控制过程中计算机在线获取信息和实时处理并给出控制决策，通过不断优化参数和寻找控制器的最佳结构形式，以获取整体最优控制性能。

（6）智能控制系统是一门新兴的边缘交叉学科。它需要更多学科配合与支援，同时也要求智能控制工程师是一个知识工程师，使智能控制系统有更大的发展。

3. 智能控制系统类型

由于智能控制系统的各种不同的应用领域，至今尚无统一的分类方法。基于智能理论和技术已有的研究成果。依据当前智能控制系统的研究现状，可把智能控制系统分为以下几种类型。

1）专家控制系统

专家控制系统主要指的是一个智能计算机程序系统，其内部含有大量的某个领域专家水平的知识与经验，能够利用人类专家的知识和解决问题的经验方法来处理该领域的高水平难题。它具有启发性、透明性、灵活性、符号操作、不确定性推理等特点。应用专家系统的概念和技术，模拟人类专家的控制知识与经验而建造的控制系统，称为专家控制系统。

2）模糊控制系统

模糊控制系统是在控制方法上应用模糊集合论，运用模糊语言变量及模糊逻辑实现系统的智能控制系统。这种系统摆脱了控制对象输入、输出物理量的精确描述，用自然语言描述专家控制策略，以机器模拟人的模糊思维对系统实现有效控制。在实际控制过程中，将计算机采样的输入量（精确量）模糊化，经模糊输出确定控制量的模糊值，最后进行反模糊处理获得控制量的实际输出，对被控对象进行控制。

3）神经网络控制系统

神经网络控制系统是指在控制系统中，应用神经网络技术，对难以精确建模的复杂非线性对象进行神经网络模型辨识，或作为控制器，或进行优化计算，或进行推理，或进行故障诊断，或同时兼有上述多种功能。

4）分级递阶智能控制系统

分级递阶智能控制是在自适应控制和自组织控制基础上，由美国普渡大学Saridis 提出的智能控制理论。主要由三个控制级组成，按智能控制的高低分为组织级、协调级、执行级，并且这三级遵循伴随智能递降精度递增原则。

5）学习控制系统

学习控制系统是靠自身的学习功能来认识控制对象和外界环境的特性，并相应地改变自身特性以改善控制性能的系统。这种系统具有一定的识别、判断、记忆和自行调整的能力。实现学习功能可有多种方式，根据是否需要从外界获得训练信息，学习控制系统的学习方式分为受监视学习和自主学习两类。

6）集成（或复合）智能控制系统

集成（或复合）智能控制系统是根据不同控制策略的特点通过对智能控制方法合理的选择而构成的，它用于改善被控对象的动、静态控制品质。

2.4.5　自适应控制

1. 自适应控制定义

一般认为，"自适应"最初阶段来源于生物系统。自适应是指生物变更自己的习性以适应新环境的一种特征。人体的生理系统就是比较典型的自适应系统。它对于外部环境的变化，就是一种自适应过程，如体温、血压等生理系统。

自适应控制是在系统工作过程中，系统本身不断地监测系统参数或运行指标，并根据参数的改变或运行指标的变化，改变控制参数或控制作用，使系统运行于最优或接近最优工作状态。

2. 自适应控制系统功能及特点

自适应控制系统具有以下主要功能。

（1）系统本身可以不断地检测和处理信息，了解系统当前状态。

（2）系统进行性能准则优化，产生自适应控制规律。

（3）系统调整可调节环节（控制器），使整个系统始终自动运行在最优或次最优工作状态。

自适应控制系统与一般反馈控制系统相比，有如下特点。

（1）反馈控制系统主要适用于控制确定性对象或事先确知的对象，而自适应控制系统主要用于控制不确定对象或事先难以确知的对象。

（2）一般反馈系统具有抗干扰能力，即它能够消除状态扰动引起的系统误差，而自适应控制系统因为具有辨识对象和在线修改参数的能力，因而不仅能消除状态引起的系统误差，而且还能消除系统结构扰动引起的系统误差。

（3）一般反馈控制系统的设计必须事先知道掌握描述系统特性的数学模型及其环节变化状况，而自适应控制系统设计时不需要完全知道被控对象的数学模型，而必须设计一套自适应算法，因而更多地依靠计算机技术实现。

（4）自适应控制系统是更复杂的反馈控制系统，它在一般反馈控制的基础上增加了自适应控制机构或辨识器，还附加了一个可调系统。

3. 自适应控制系统类型

自适应控制系统可从不同角度进行分类，通常有以下几种分类方法。

（1）按照被控对象的性质可分为确定性自适应控制系统、随机性自适应控制系统。

（2）按照功能可分为参数或非参数自适应控制系统、性能自适应控制系统和结构自适应控制系统。

（3）按结构特点可分为前馈自适应控制系统和反馈自适应控制系统。

（4）从实用角度可分为模型参考自适应控制系统、自校正控制系统。

（5）其他形式的自适应控制系统：基于人工智能的自适应控制系统、基于神经元网络理论的自适应控制系统、基于模糊集合论的自适应控制系统、鲁棒自适应控制系统以及多结构自适应控制系统。

2.4.6　非线性系统理论

当系统中含有一个或多个具有非线性特性的元件时,该系统称为非线性系统。若系统本身具有非线性称为固有非线性系统,为了达到某种控制目的而加入非线性的系统称为人为非线性系统。

严格地说,理想的线性系统在实际中并不存在。随着工业生产过程的日趋复杂化,系统不可避免地存在着非线性,如电厂生产过程、纺织过程、机器人系统等。尽管在很多情况下,当我们考虑系统的某些现象时,可以用系统的线性模型来代替系统的非线性模型,然后,按线性模型来处理。但是,大量的事实说明,在很多情况下,人们必须建立真实系统的非线性模型来代替简单容易处理的线性模型。

在经典控制论中,主要用描述函数法与相平面法分析非线性系统。描述函数法对非线性系统有太多的限制,如非线性控制系统的结构必须是只有一个非线性环节和一个线性部分串联的典型闭环结构形式、非线性环节的输入/输出特性曲线是奇对称的等,也因此限制了该方法的工程应用。相平面法也仅仅适合二阶系统的特性分析,这也大大限制了该方法的工程应用。因此,过去的处理方法通常是把非线性系统线性化,或忽略非线性,然后按线性系统处理。

将非线性系统的数学模型、初始状态和输入信号,按一定的模式输入计算机,则可以在较短的时间内处理复杂的非线性系统,从而获得设计系统必需的信息,这一方法由于计算机的普及以及软件技术的迅速发展,目前已经广泛应用于工程实际。

近年来,为满足生产过程日益严格的要求,许多学者将智能方法融入机器人这类非线性系统的控制中,把神经网络、模糊控制与一些新型的控制算法相结合,形成智能化系统,特别是模拟生物的进化规律,将进化计算用于控制中,这些都是很有前途的发展方向,已日益成为研究者关注的热点。总之,非线性系统的分析是非常困难的,至今为止,还没有像线性系统那样有一种普遍的分析方法。

第 3 章　计算机控制系统

3.1　信息与信息技术

随着计算机技术的快速发展，计算机在自动控制中的应用越来越广泛。人们不断的总结和创新使得计算机技术和自动控制系统的结合越来越紧密，计算机控制系统的分析和设计理论逐渐形成，并发展成为一门新的工程技术，有效地提高了产品质量和产量，减小了原材料和能源的消耗，为实现企业的高产、稳产、安全生产、改善生产条件和提高经济效益创造了条件。计算机控制起源于信息化。

"信息论"创始人（美国科学家，香农，1916～2001 年）认为客观世界的三大要素是物质、能量和信息。在人类社会中，信息具有与物质、能量等同的地位。20 世纪 50 年代以来，由于科学技术的进步，特别是微电子学、通信及网络技术的发展，各类信息的传递、联络和交流，无论在空间还是时间上都达到空前的规模。

什么是信息？一般认为信息是客观存在的一切事物通过载体所发生的消息、情报、指令、数据、信号和所包含的一切可传递和交换的知识内容。

不同的物质和事物有不同的特征，不同的特征会通过一定的物质形式，如声波、文字、电磁波、颜色、符号、图像等发出不同的消息、情报、指令、数据、信号。这些消息、情报、指令、数据、信号就是信息。

知识也是一种信息，是一种特定的人类信息，是整个信息的一部分。在一定的历史条件下，人类通过有区别、有选择的信息，对自然界、人类社会、思维方式和运动规律进行认识和掌握，并通过大脑的思维使信息系统化，形成知识。

信息技术，是用于管理和处理信息所采用的技术的总称，即指有关消息的收集、识别、提取、变换、存储、传递、处理、检索、检测、分析和利用等技术。

具体来讲，信息技术主要包括以下几方面技术。

1. 传感与识别技术

它的作用是扩展人获取信息的感觉器官功能，包括信息识别、信息提取、信息检测等技术。这类技术可总称为"传感技术"。它几乎可以扩展人类所有感觉器官的传感功能。传感技术、测量技术与通信技术相结合而产生的遥感技术，更使人感知信息的能力得到进一步的加强。

信息识别包括文字识别、语音识别和图形识别等。

2. 信息传递技术

它的主要功能是实现信息快速、可靠、安全的传递，各种通信技术都属于这个范畴。广播技术也是一种传递信息的技术。由于存储、记录可以看成是从"现在"向"未来"或从"过去"到"现在"传递信息的一种活动，因而也可将它看作信息传递技术的一种。

3. 信息处理与再生技术

信息处理包括对信息的编码、压缩、加密等。在对信息进行综合处理的基础上，还可形成新的更深层次的决策信息，也就是信息的"再生"。信息的处理与再生都有赖于计算机的超凡功能。

4. 信息施用技术

此技术是信息过程的最后环节。它主要解决应用信息为人类生活、生产服务的技术问题，主要包括控制技术、显示技术。

传感技术、通信技术、计算机技术和控制技术是信息技术的四大基本技术。也可以说信息技术就是传感技术、通信技术、计算机技术、控制技术的总称。传感技术就是获取信息的技术，通信技术就是传递信息的技术，计算机技术就是处理信息的技术，而控制技术就是利用信息的技术。这个定义不但给出了信息技术的内容，也明确了信息技术的获取-处理-利用的体系。

传感、通信、计算机和控制技术在信息系统中虽然各司其职，但是从技术要素层次上看，它们又是相互包含、相互交叉、相互融合的。传感、信息、计算机都离不开控制；传感、计算机、控制也都离不开通信；传感、通信、控制更是离不开计算机。

按目前的状况，传感、通信、计算机和控制四大技术的作用并不在相同层次上，计算机技术相对其他三项而言处于较为基础和核心的位置。事实上，在计算机技术产生之前，传感技术、通信技术和控制技术就已经产生了。但那时这些技术的水平还较低，很多操作还需要人工进行。计算机技术产生以来，传感技术、通信技术和控制技术的水平得到了极大的提高。

3.1.1　信息处理过程

信号是信息的载体，是自动化核心之一，在自动化技术中具有非常重要的地位和作用。需要明确以下问题。

1. 什么是信号

在我们周围存在着为数众多的"信号"，如从茫茫宇宙中的天体发出的微弱电波信号，移动电话发出的数字信号等，都属于我们直接感觉不到的信号，还有如交通噪声、人们说话声以及电视图像等人们能感觉到的各种各样的信号。这些众多的信号中，有的载有有用的信息，有的只是应当除掉的噪声。

可以这样理解信号：对客观事物的物理特性进行抽象后的最低级表达层次——信号。如果说"信息"是传递与交换的具体内容、知识、意识，那么"信号"就是信息的一种表达形式。在工程中，信号就是一种通过媒介传递的、含有某种信息的实际物理量。

2. 信号有哪些要素

语言交流就是通过声音——"声波"信号形式实现的；电话通信则是通过"电脉冲"传递信息；无线电通信则是通过"电磁波"传递信息；光信号则是通过"光脉冲"传递信息。从这个意义上说，"信号"应该具有两个基本的要素。

（1）信号应有一种载体媒介，如"声波""电脉冲""电磁波""光脉冲"等。

（2）信号媒介的一种特性或多种特性组合应含有要反映的"信息"，如"声波""电脉冲""电磁波""光脉冲"等能量的强弱、变化快慢及规律能反映要描述的信息，或者说信息被信号的能量强弱、变化快慢及变化规律等特征所表达。

另外，含有信息的"信号"必须要被人类所接收、描述、应用才有实际意义。

3. 信号的描述形式

（1）数学描述：描述为一个或若干个自变量的函数或序列的形式。

（2）波形描述：按照函数随自变量的变化关系，以曲线、图形方式表示出来。通常用横坐标表示要反映的信息（自变量），纵坐标（函数）表示传递信息的信号。

4. 常用信号种类

现实世界中的信号有两种：自然和物理信号、人工产生信号经自然的作用和影响而形成的信号。

对信号的分类方法很多，按数学关系、取值特征、能量功率、处理分析、所具有的时间函数特性、取值是否为实数等，可以分为确定性信号和非确定性信号（又称随机信号）、连续信号和离散信号、能量信号和功率信号、时域信号和频域信号、实信号和复信号等。在实际工程中常用信号种类叙述如下。

1）按信号的描述形式划分

（1）确定信号与随机信号区别特征：给定的自变量是否对应唯一且取定

的信号取值。

对于确定信号，每一个信号均有一个确定的信息，因此，确定信号是最简单、最容易利用的信号。

（2）时间连续信号与离散信号区别特征：自变量的定义域是否是整个连续区间。

（3）模拟信号与数字信号区别特征：信号值域是否均匀连续。模拟信号有时间连续、时间离散之分，主要在于数值为无限个、连续变化；数字信号不连续、其数值为有限个。

2）按信号的物理形式划分

（1）电信号（电压、电流、电脉冲、电频率等形式）：此种信号因传输、转换、处理、使用方便而被广泛应用。

（2）光信号（光强度、光脉冲、光频率等形式）：此种信号可通过光纤传输，容量大；抗电磁干扰能力强；信号转换较为方便，是一种十分具有优越性的信号。

（3）电磁信号：此种信号无需敷设专门传输线路，在通信行业广泛应用。但电磁信号容易受电磁干扰，需要考虑抗干扰及滤波问题。

（4）气信号（气压、气脉冲等）：通常利用压缩空气的压力变化来表示某种信息。气信号具有"本安"特性、不存在电磁干扰等优点，但气信号有传输距离有限、滞后大、损失大等不足，在对安全要求很高且距离较近的场合使用。气信号在传输信息的同时，也可同时传输能量。

除此以外，还有液压信号、磁信号等。在自动化工程领域中，使用最为广泛的是电信号、气压信号、电磁信号及光信号。

3.1.2　信息的获取与传输

1. 信息获取

要获取设备、过程操作与运行状态，要求两点，如下所示。

（1）设备、过程运行状态应由一种或多种形式的特征物理信息表现出来。

例如，加热炉的运行状态，主要是炉内介质的温度高低情况；工业锅炉的运行状态，主要是锅炉液位、蒸汽压力与温度、蒸汽量、炉膛温度等；电动机的运行状态，涉及其工作电流、转速、转轴温度等；导弹的运行状态，涉及飞行速度、姿态与角度、高度等。

（2）设备、过程运行中的特征物理信息能被某种物理感知并能转化为其他装置接收与处理的信号。

人的活动依靠感官来感受信息，这些感觉器官在外界刺激中产生的信号能被大脑所接收，并能进行相应的加工、处理、分析和应用。

在工程应用及自动化领域中，要确知所得信息的真实性，对信号的形式、种类、强弱、特性关系等有着特定的要求，这就要依靠传感器来感知信息并输入相应的信号。

2. 传感器

1）传感器定义

广义地说，传感器是指能感知某一物理量、化学量或生物量等信息，并能将其转化为可加以利用的信号的装置，如热敏元件、光敏元件、磁敏元件、压敏元件、气敏元件等，人的五官，生物的感觉器官等，均具有感知某种物理信息并能转化为某种信号的能力。

传感器的狭义定义是：感受被测量物理信息，并按一定规律将其转化为同种或不同性质的输出信息的装置。

由于电信号易于传递、处理、运算、存储，且特别易与现代信息处理设备相容，所以，传感器的输出信号一般是电信号（如电流、电压、电阻、电感、电容、电频率等）。

传感器能感知设备、过程的操作与运行状态信息并转化为信号，需要满足必要的条件。

（1）传感器中具有一种特殊材料（敏感元件），对所要检测的物理信息具有很高的敏感性。

（2）敏感元件获得的信号与所表达的信息之间具有确定的关系，且能直接应用或转化后应用。

2）传感器分类

传感器是感知、获取与检测信息的核心，是实现信息技术的首要环节。传感器技术与检测技术几乎是现代科学技术发展的保证，没有传感器对原始信息进行精确可靠的捕获和转换，就没有现代信息技术，没有传感器就没有现代科学技术的迅速发展。

目前传感器品种已达数万种。在工业生产中，常做如下分类。

（1）按被测量分类。如压力传感器、温度传感器、位移传感器、浓度传感器、湿度传感器、颜色传感器等。这种分类方法，便于使用者根据被测对象选择所需传感器。

（2）按工作原理分类。传感器的工作原理主要是基于电磁原理和固体物理学理论。据此可将传感器分为电阻式、电感式、电容式、电涡流式、热电式、压电式、光电式（红外、光纤等）、超生式、同位素式、微波式等。这种分类方法有利于从原理方面进行分析、设计和应用。

（3）按输出信号类型分类。传感器的输出信号可分为模拟式与数字式两大类。前者输出模拟信号，具有直观性，与数字设备相连需要引入模拟转换环节；后者一般将被测量转换成脉冲、频率或二进制数码输出，抗干扰能力强。

3.1.3　信号的转换与干扰消减

1. 信号转换与放大

传感器的输出信号形式取决于传感器本身。为了传输的需要，为了接收设备对信号形式、种类及大小、变化特性需要等，信号在传输、施用中可能进行一次或多次的转换。如电阻式传感器，其信号形式为阻值，不便于传输，应考虑转换为电压信号。模拟信号与数字设备相连，要考虑模拟信号向数字信号的转换；数字信号要驱动模拟设备，则需转换为模拟量。电信号转换为光信号可通过光纤传输等。

通常传感器输出信号很小，不宜传输、不便施用，有些器件、设备对信号有阈值要求。特别是对于数字设备及逻辑设备而言，存在高电平与低电平的定义，所以信号应符合标准，否则可能造成逻辑上的错误。因此，信号传递、转换或施用前需要进行适当的放大，放大后的信号应具有原信号的全部信息特征。

2. 干扰与干扰消减

根据信号的种类，对于信号的传输有不同的技术要求与传输方式。

工程应用中的信号大多数为电信号，信号的传输则是以传输导线为主。在传输过程中，主要考虑以下干扰因素。

1）信号管线的阻抗特性影响

电信号沿导线传输，电荷会受到导体的电阻作用，导线与导线、导线与器件间存在着电容，即存在着对能量的储存，同时传输导线上也存在着感抗，对于信号的变化也会产生抑制作用。

气压信号沿管线传输时，也会受到管线的阻力作用，信号线路也存在着容量。

容量存储等因素将会导致信号能量损失，信号数值降低，原始信号的变化不能及时得到反映，时间上造成滞后，特别对于脉冲信号、频率信号等，因管线的频率响应会造成信号波形失真，频带范围受限，甚至可能造成振荡干扰。同时，导线的质量本身也可能在信号通过时产生噪声。

2）周围环境的电磁、静电干扰

现代生活、生产离不开电气设备，电磁场无处不在，特别是存在大功率电气设备的场所，电磁感应是一种基本现象。

环境中存在的电磁场将在信号传输导线中产生电磁感应，导线中会出现感应电势叠加在原始信号中，特别严重时会湮没原始信号。

静电感应也是一种干扰源，在传输导线各处，静电感应强度不一，沿信号线各处静电电位不同，同样产生附加的电势。

除此以外，电源波动、雷电、温度、湿度的变化及接触点等均可能在传输线上产生附加电势。

3. 干扰的消减与滤除

干扰无处不在，信号中或多或少都存在着非信息本身的信号，在传输与利用信号过程中，需要设法消减、滤除干扰，保证信息的真实性。

信号传输中，需要考虑以下因素。

（1）信号的电磁屏蔽、防雷、防静电、接地问题，以及导线的特性阻抗匹配等技术问题。

（2）对信号种类的选择，不同类型的信号自身抗干扰的能力不同，因此要选择一种适合的、可行的信号类型进行传输。

（3）信号接收中去除干扰的方法一般可借助滤波实现。滤波的方法有多种，考虑信号的特征频率、频谱等特性，通过高通、低通、带通与带阻、采样频率等手段，尽可能地去除干扰，获得真实的信号。

3.1.4 信号制式与传输规则

在自动化领域中，信号所装载的信息主要是操作指令与数据类信息。要从信号中得出操作指令、数据信息，必须清楚指令、数据信息是以什么格式、组织关系被赋予到信号的什么特征上的，也就是说必须找出操作指令、数据与信号特征间的关系。

1. 信号制式

1）模拟信号制式

模拟信号制式出现时间很早，主要用于模拟量设备之间进行信息的传递。

对于电动类装置，初期主要采用 0～10mA DC 与 0～20V DC 信号标准。鉴于此种信号制式存在混淆 "0" 值与断路状态，以及其他一些原因，国际标准规定了一种现今仍广泛应用的信号制式：4～20mA DC 与 1～5V DC。对于气动类装置，主要采用 20～100kPa 气压信号制式。

2）脉冲（开关）信号制式

脉冲是指在很短时间内出现的电压或电流信号。由于脉冲具有较多的特征参数，加上脉冲信号通常具有突变性、短促性、可以承载更多的信息，除常规数据信息外，还用于承载操作指令，所以在自动控制、数字技术、计算机、通信及多种电气装置等方面得到广泛的应用。

脉冲承载信息所用的特征主要集中于脉冲宽度、作用时刻（上升或下降）、脉冲高低电平（幅度）、脉冲周期、脉冲频率、脉冲个数等。

在数字逻辑系统中，脉冲"高、低"电平表示数字"0、1"、逻辑"真、假"等；脉冲作用时刻可用于描述维持某种作用或动作的持续时间；脉冲频率或个数可用于表示某种线性化的程度或数据大小；转速测量中使用脉冲编码器来表示转速与转向；在逻辑控制装置中应用脉冲来实现各种逻辑运算等。

2. 通信协议

随着现代信息技术的发展和应用，信息传输不再局限于两个硬件之间进行，而是在复杂网络结构实体（硬件、软件）间多对多、双向、数字化方式进行信息交换，同时传输的信息复杂、海量，前述用于简单传输系统的信号制式无法用于这一任务，需要一整套信息传输规则来约束、控制实体间的信息交换。保证信息传递与交换得以正常进行。

网络系统中两实体间相互理解、共同遵守的控制信息传递与交换的规则的集合，就称为通信协议（网络协议）。计算机网络的协议主要由语义、语法和时序规则三部分组成，也称为协议三要素。语义：规定通信双方彼此"讲什么"，即确定协议元素的类型，如规定通信双方要发出什么控制信息，执行的动作和返回的应答。语法：规定通信双方彼此"如何讲"，即确定协议元素的格式，如数据和控制信息的格式。时序：规定信息交换的次序。

协议只有通过权威的组织标准化，作为标准出版，才能为业界共同遵守，为商用产品所采纳，才能使信息传递网络协同工作，顺利完成信息传递功能。不同的网络，其网络系统结构不同，描述其通信控制功能的协议也不同。换言之，不同的协议规定了不同性质的网络。

在当代网络技术中，ISO 与 OSI 体系结构模型是定义网络协议的主要模型（即 OSI 开放系统互连）。它定义了一个可为所有网络通信使用的一般功能集，然后将这些功能组织成一个有层次的体系结构。开放互联系统参考模型从低到高分为七层：物理层、数据链路层、网络层、传输层、会话层、表示层和应用层。

第一层物理层：完成传递信息和协议附加信息转换为光信号或电信号在网络上传输的功能。

第二层数据链路层：实现网络地址寻址、路由的功能，提供点对点通信。

第三层网络（接入）层：完成分组传送和路由选择功能，实现网络上的交换。

第四层传输层：完成控制源端到目的端的数据传输的功能。

第五层会话层：在面向连接协议中完成维持与目的端应用程序的对话功能。

第六层表示层：定义数据网络抽象和表示的协议，作为实用程序库来实现。

第七层应用层：该层为支持分布式应用软件提供管理功能，也是网络通信所必需的用户应用程序接口。

这七层协议并非被具体协议全部定义。协议的工作可表述为：发送信息的主机先将信息传到应用层，用上往下传递，数据经过每一层时所使用的协议都给信息加上一个协议头，然后将加上协议头的信息传到下一层，下一层所使用的协议再给它加上一个协议头，继续向下传递，最后由物理层经硬件设备发送到网络上。接收信息的计算机则相反，信息是由下往上传递的，每经过一层时，都剥去相应的协议头，然后继续向上传递，最后传给用户的信息将是剥去所有协议头的，即最原始的信息。

3.1.5　信息的集成与管理

所谓信息集成就是把分布在不同地域计算机中的数字信息通过互联网联系起来，形成具有某种机能的有机整体。互联网是信息集成的物理基础。

在系统的设计、建造、运行与管理过程中，存在着大量的"自动化孤岛"，如何将这些自动化信息正确地、高效地进行共享和交换，这是改善企业技术和管理水平必须要解决的问题，即所谓的信息集成。

在系统的运行与管理中，控制任务通常由 DCS、FCS 和 PLC 等基于网络的计算机控制系统完成，管理任务由厂级管理系统（management information system，MIS）和监控信息系统（supervisory information system，SIS）的信息网完成。运行与管理过程中的信息交换与共享是由 SIS 完成的。在发电企业这些技术已经逐步走向成熟。但是，在系统的设计与建造过程中的自动化信息并没有和运行与管理过程中的自动化信息交换与分享，它们之间还有巨大的鸿沟。要想使它们能进行有效的联系，就必须在系统设计和建造工程中建立起管理信息库。

现在计算机技术已经成功地应用在系统设计、工程制图中，形成了计算机辅助设计（computer aided design，CAD）技术。在辅助设计中所产生的系统结构数据、系统参数、图纸等数字信息都应是设计管理信息库里的内容。通过互联网，把这些内容传给系统建造部门和运行管理部门。系统建造部门根据这些信息对系统进行施工建设并对其质量进行检测和检验，把在建造过程中所产生的数据信息存入建造管理信息库并传给运行管理部门。运行管理部门的 SIS 根据这些数据信息以及生产过程的实时数据、企业内部的管理信息以及企业与外界相联系的信息，进行管理、决策、运行、诊断、优化等。

上述这一系列过程，就是计算机集成制造（computer integrated manufacturing，CIM）过程。

CIM 这一概念由美国人哈灵顿在 1973 年提出来，美国开始重视并大规模实施是在 1984 年。哈灵顿认为企业生产的组织和管理应该强调两个观点，即企业的各种生产经营活动是不可分割的，需要统一考虑；整个生产制造过程实质上是信息的采集、传递和加工处理的过程。按照这样的原理，用信息技术和系统集成的方法构成的具体实现便是计算机集成制造系统（computer integrated manufacturing system，CIMS）。

对于 CIM 和 CIMS，现在还没有一个公认的定义。实际上它的内涵是不断发展的，不同行业的人对它有不同的理解。但无论怎样，信息集成贯穿于计算机集成制造的整个过程中。

在信息集成过程中，需要两个关键性技术。

1. 企业建模及系统设计方法

没有企业的模型就很难科学地分析和综合企业各部分的功能关系、信息关系以及动态关系。企业建模及设计方法解决了一个制造企业的物流、信息流、资金流以及决策流的关系，这是企业信息集成的基础。

2. 异构环境下的信息集成

所谓异构是指系统中包含了不同的操作系统、控制系统、数据库及应用软件。想要把它们集成在一个资源共享的系统里，需要解决下面 3 个问题。

（1）不同通信协议的共存及向国际公认的标准协议过渡。

（2）不同数据库的相互访问。

（3）不同商用应用软件之间的接口。

就目前的计算机技术水平而言，上述三个问题的解决，在技术上已经不存在难点。问题的关键是，在信息集成过程中所用到的系统、软件、数据库的厂商需要公开其通信协议甚至数据结构。因此，信息集成已经不是技术层面的问题了，它涉及商务问题。

前面提到的 DCS、SIS、MIS、ERP、CIMS 等都属于信息集成，但它的应用还远不止这些，它已经走向各个领域，物联网就是信息集成的产物。

3.2　计算机控制系统的定义及特点

计算机控制系统就是利用计算机实现对被控对象的控制并达到控制目标的系统。这里的"计算机"包含的范畴很广，可以是大型的超级计算机，也可以是小型的单片机系统，还包括可编程控制器、工业计算机、嵌入式系统、数字信号处理器等。被控对象的范围更广，从复杂的工业过程到日常生活中的家用电器。通过在控制系统中引入计算机，借助计算机强大的计算能力、逻辑判断能力、信息处理能力，人们实现了以往控制系统中难以获得的控制目标。

在 20 世纪 80 年代以前，由于计算机系统体积、功耗、运算速度等各项性能还不能满足控制系统设计的要求，在大多数控制系统中仍然采用模拟控制器来调节或控制被控对象，此时的控制系统大多数都被称为模拟控制系统。图 3-1 就是一个典型的单回路模拟控制系统。从图中可以看出，此类系统主要由被控对象、测量变送环节、模拟控制器、执行机构等组成。当被控对象受外界干扰影响或者系统给定值发生变化，被控变量与给定值比较后产生了非零的偏差信号，输出给控制器，控制器得到该信号后根据预先设计好的控制律产生控制信号，并输出给执行机构，调整被控变量，使其与给定值之间的偏差逐渐消失。在整个过程中，不论是反馈信号还是偏差信号，或者是控制信号，都是以模拟量的形式存在，除少量的开关信号外，其变化大多也是连续的。

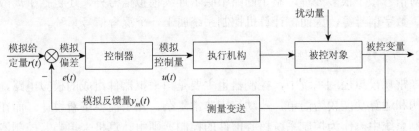

图 3-1　典型单回路模拟控制系统

　　随着计算机体积的不断减小、功耗的不断降低、运算速度的不断提高，越来越多的控制系统引入了计算机，进而用计算机替代了原有的模拟控制器，实现对被控对象的控制，计算机控制系统在此过程中也逐渐形成。图 3-2 就是一个典型的单回路计算机控制系统框图，从图中可以看出，与传统模拟控制系统类似，此类控制系统包括被控对象、执行机构、测量变送环节、控制器；但比传统模拟控制系统增加了模-数、数-模转换单元（A/D、D/A）、采样环节和输出保持环节等。利用 A/D 环节，由测量变送环节采集到被控量的模拟输出信号，被转化为数字信号，传送进计算机，由计算机计算出被控量和给定量之间的偏差大小，并进而根据预先设定的控制算法计算出控制量的大小，经 D/A 环节变换为模拟量后，经输出保持器输出给执行机构，用于调节被控对象。

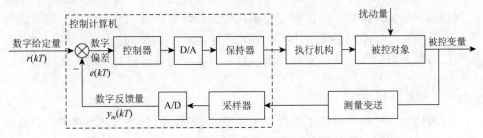

图 3-2　典型单回路计算机控制系统

由此可见，闭环计算机控制系统在实施控制作用时，反馈变量一定要经过采样过程，转化为数字信号后，计算机才能处理，同样控制器输出信号也一定要经过 D/A 和保持环节，才能驱动执行机构完成控制动作。因此和常规模拟控制系统相比，计算机控制系统有以下优点。

1. 信号形式比较多样

在常规模拟控制系统中，控制信号、测量信号、给定信号除个别属于开关信号外，大多属于连续模拟信号。而在计算机控制系统当中为了将计算机作为控制器，对信号做了很多处理，整个回路中除了连续模拟信号外，还包括了离散模拟信号、数字信号等，因而，计算机控制系统属于一个混合信号系统。

2. 易于修改，灵活性好

在常规模拟控制系统中，控制器也主要是由模拟器件组成的模拟电路，因而其结构和运算功能较为简单，改动起来非常复杂，几乎需要重新设计。而在计算机控制系统中，作为控制系统核心部件的控制器则由计算机来担当。控制器主要由相应软件来实现，控制算法灵活，几乎可以完成各种运算形式，不必像模拟控制系统那样改变硬件电路来实现，因此设计与修改十分方便，并易于实现整个生产过程与管理的优化，提高整个企业的自动化水平。

3. 经济效益与投入产出比高

在常规控制系统中，除少量的双回路模拟控制器外，多数情况下，一个模拟控制器只能用于一个回路的控制。而在计算机控制系统中，根据计算机运算功能的强弱，可以同时对多个回路进行控制。在同样的情况下，相对于常规控制系统，计算机控制系统的经济效益和投入产出比较高。

4. 功能更丰富

在常规控制系统中，模拟控制器的功能往往较为单一，除控制功能外，少数的控制器也仅能够提供越限报警等简单功能。而计算机控制系统借助其丰富的外设，可以方便地对控制系统中的各种信号进行记录、显示、打印、统计、分析等。还可以借助人机交互设备，完成控制参数的设定，查看被控变量的变化趋势等。

5. 控制性能更高

常规控制系统由于受模拟器件加工水平的限制，以及外界环境对器件自身参数的影响，性能指标往往不能达到很高，且可靠性较差。而计算机控制系统，借助计算机精确的运算，可使控制性能明显高于模拟控制系统，而且可以利用数字计算机快速的计算能力，实现被控对象的优化控制。

6. 结构简单、可靠性高、可维护性更好

虽然在结构上，计算机控制系统所涉及环节更多，如 A/D 转换环节、D/A 转换环节等，但一般情况下，很多环节都利用集成电路实现模块化设计，发生故障时，只需要更换相应模块，同时，计算机控制系统还可以利用计算机强大的计算能力和逻辑判断能力实现故障的自诊断，并利用冗余技术实现故障的自修复。

但也要意识到由于计算机控制系统往往是按照一定的采样时间间隔采集被控变量，然后经控制程序计算后，通过 D/A 和保持器输出给执行机构，因此与常规模拟控制系统不同，计算机控制系统中存在着一定的延迟现象，控制作用的实施存在一定的滞后。

3.3 计算机控制系统的组成

应用于各个领域的计算机控制系统，由于用途和功能不同，其结构、组成、规模等也可能存在着一定差异。但几乎所有的计算机控制系统都包括控制计算机、被控对象、执行机构、测量变送环节、输入输出通道等组成单元，如图 3-3 所示，其中计算机系统又包括硬件和软件两个部分。

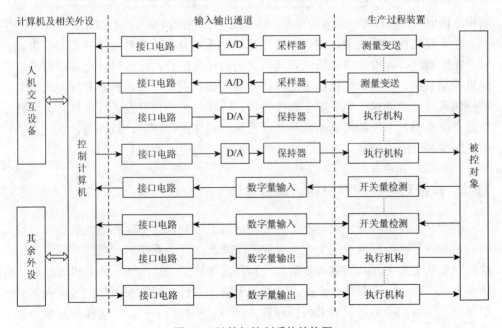

图 3-3 计算机控制系统结构图

3.3.1　控制计算机

作为计算机控制系统的核心部件，控制计算机主要包括硬件、软件两个部分。虽然在计算机控制系统中所用计算机多种多样，如普通微型计算机、工业控制计算机、可编程控制器、数字处理器、单片机等。但大多数计算机的硬件单元包括中央处理单元、存储单元、人机交互单元。其主要功能是承载计算机控制中所需的各种软件，为控制算法的运行提供一个运算和存储平台。

软件部分则包括为实现控制功能而在计算机上运行的各种计算机程序的总和，如管理和协调计算机各种硬件与数据资源的操作系统，用于实现控制算法、数据采集、控制指令输出的控制程序等。通常根据软件功能可以将其分为系统软件和应用软件。系统软件往往是由计算机生产厂家或者供应商所提供，专门用于管理计算机上各种程序的软件，最常见的系统软件就是计算机操作系统，如 UNIX、Windows、Linux 及各个变种。有些系统软件是作为开发应用软件的工具，用于将用户开发的软件代码编译成计算机可以执行的二进制代码，如用于数字处理器软件开发的 Code Composer Studio 和用于西门子可编程控制器应用软件开发的 STEP7。对于计算机控制系统的设计者，一般不需要设计系统软件，只需要根据具体需求选择合适的操作系统或者开发系统。应用软件一般主要指的是用户为解决一些具体的实际问题而编写的各种程序。如为实现控制功能所编写的包含了数据采集及处理、控制算法、控制指令输出的控制程序，或者为单独完成数据采集功能所编写的数据采集程序等。

在计算机控制系统中，硬件和软件往往是不可分的，有些软件功能需要借助硬件才能实现，在设计时必须注意两者之间的相互配合，才能设计出高质量的计算机控制系统。随着计算机技术的快速发展，计算机硬件技术日新月异，而计算机控制系统的性能越来越受限于软件性能，特别是由用户开发的应用软件。软件性能直接影响到系统的控制品质与管理水平，同样的硬件下，软件的性能越高，系统的控制性能也越高，反之，有可能达不到预先设定的控制目的。

3.3.2　被控对象、执行机构、测量变送

被控对象，也称为控制对象，主要指计算机控制系统中所控制的装置或者设备。随着计算机控制系统在工业、农业、交通、医疗、军事等领域的广泛应用，被控对象从小到大，从简单到复杂，从具体的加热炉、反应釜、冷轧机等设备，到整个生产装备，乃至整个企业，可以说无所不包含。通常根据被控对象输入变量和输出变量的个数可以将其分为单输入-单输出对象，多输入-多输出对象。被控对象输入和输出之间的特性可以通过对象模型来描述，在计算机控制系统中，

常用的对象模型有差分方程等。

执行机构作为控制系统的重要部件，主要作用是根据控制器发出的控制指令调节阀门的开度或者开关的位置，改变被控变量的大小，使其与给定值一致。常见的执行机构有电动、气动和液压三种。在运动控制系统中，常用的执行机构有伺服电机、步进电机等。根据调节量变化的特点可以将执行机构分为连续和离散两种。离散型执行机构通常是开关机构，如温度控制系统中的散热风扇开关，而连续型调节器主要用于调节一些连续变量，如加热炉对象中燃气流量的控制，计算机计算出控制量的大小后，输出给气动调节阀（执行机构），来调节进入加热炉中的燃气流量。

测量变送环节主要包括传感器和相应的测量线路，其中传感器主要用于将各种被控变量（如温度、压力、流量、液位、转速等）转化为电信号，测量线路主要用于将传感器输出的各种电信号转化为计算机接口电路能够接收的各种标准信号。例如，常见的热电偶传感器，可以将温度变量转换为微弱的电信号，然后经测量电路转化为标准电信号（1～5V 的电压信号或者 4～20mA 的电流信号）。

3.3.3　输入输出通道

输入输出通道是计算机和工业生产过程之间信号传递和转换的连接通道。按照信号的传递方向可以分为输入通道与输出通道。按照信号的性质可以分为模拟通道和数字通道。输入通道把测量变送环节送来的被控变量转化为计算机可以处理的数字信号。输出通道主要用于把计算机计算得到的控制信号转化为执行机构可以识别的电信号，实现对被控对象的控制。

1. 模拟量输入通道

该通道主要由信号变换与滤波电路、多路模拟开关、采样保持电路、A/D 转换电路和接口控制电路组成（图 3-4）。

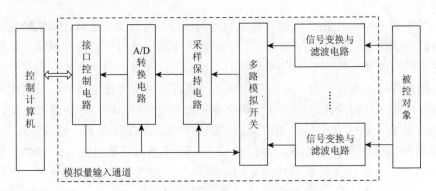

图 3-4　模拟量输入通道结构图

其中信号变换与滤波电路主要用于对测量变送环节送来的模拟信号进行预处理，对于非标准电信号，可以将其变换为标准电信号，对于受到干扰的信号，可以通过滤波去除其中的高频干扰。当模拟信号较多，A/D 转换电路较少时，可以通过多路模拟开关实现 A/D 转换电路的复用，提高 A/D 转换电路的使用效率，降低通道和系统成本。采样保持电路主要用于对模拟输入信号进行采样和保持操作，使得模拟信号在 A/D 转换期间或者采样时间间隔内固定不变。A/D 转换电路是模拟量输入通道的核心部件，主要功能是将模拟信号转化为数字信号，在计算机控制系统中数字信号的大小表示被转换模拟信号相对于参考模拟信号的大小。接口控制电路的主要作用是控制 A/D 转换过程的开始和结束，以及计算机以何种方式输入转换后的数字信号，其结构取决于 A/D 转换电路本身的特点，同时多路模拟开关的控制也由控制电路完成。

2. 模拟量输出通道

该通道主要由接口控制电路、D/A 转换电路、保持电路、多路模拟开关、平滑滤波电路等部分组成（图 3-5）。

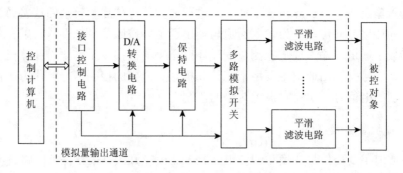

图 3-5　模拟量输出通道结构图

其中 D/A 转换电路是模拟量输出通道的核心，主要功能是将计算机输出的数字量转换成模拟量传递给保持电路。D/A 转换电路的分辨率直接关系到模拟量输出通道的性能高低，与 D/A 转换电路的字长有关。保持电路的主要作用是在两次输出模拟量之间进行差值，差值的结果是使离散信号变为连续信号。根据同一时间间隔内模拟量的变化趋势可以将保持器分为零阶保持电路、一阶保持电路，通常 D/A 转换电路本身就具备零阶保持电路的功能，即在接收下一组数字量之前，D/A 转换器的输出保持不变。多路模拟开关的作用与模拟量输入通道中类似，主要功能是实现 D/A 转换电路的复用，提高 D/A 转换电路的利用效率，降低通道和系统的成本。平滑滤波电路的主要作用是对保持电路输出的模拟信号进行平滑处理，使其信号的变化不出现明显的阶跃现象。接口控制电路的作用与模拟量输入通道中的作用类似，主要实现对 D/A 转换过程启停的控制以及多路模拟开关的切换。

3. 数字量输入通道

数字量输入通道主要用于将生产过程中的各种设备的开关状态信息、脉冲信号转换成计算机能接收的数字信号，该通道主要由开关信号调理电路、输入缓冲器、接口控制电路等组成（图 3-6）。

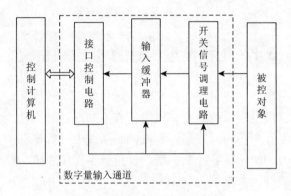

图 3-6　数字量输入通道结构图

其中开关信号调理电路主要用于对各个设备传送过来的原始状态信号进行电平转换、整形、消抖和隔离处理，克服状态变化引起的瞬时高压、过电压、信号抖动等问题，以保护后续计算机设备的正常工作。输入缓冲器的主要作用是将信号调理电路传来的状态信号暂时存放，以便计算机及时取走。接口控制电路的主要作用是通过数据的读取时序控制完成数据的读取。

4. 数字量输出通道

数字量输出通道的主要作用是把控制器输出的数字控制信号，按照一定的时序要求，送到相应的执行机构。该通道主要由接口控制电路、输出锁存器、输出驱动电路等组成（图 3-7）。

其中输出锁存器主要用于将控制器输出的数字信号暂存起来，以维持某种电平状态，直至被接口控制电路解除锁定。接口控制电路主要用于按照预先设定的驱动时序完成对输出锁存器的控制，实现开关量的输出。输出驱动电路主要利用光电隔离芯片、功率晶体管、继电器等实现对执行机构的控制，使得执行机构状态和输出锁存器输出状态相对应。

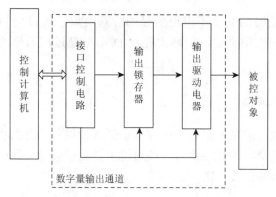

图 3-7　数字量输出通道结构图

3.4　几种典型的计算机控制系统

通常计算机在控制系统中的地位和生产过程的复杂程度密切相关。由于被控对象的不同，计算机控制系统所要完成的任务不同，计算机在控制系统中的控制方式与控制功能也有所不同。根据计算机控制系统中计算机与被控对象之间的关系，可以将其分为：操作指导控制系统、直接数字控制系统、监督控制系统、分布控制系统和网络控制系统等。

3.4.1　操作指导控制系统

操作指导控制系统是一种开环计算机监控系统，其结构如图 3-8 所示。从图中可以看出，在该系统中，计算机所计算出来的控制量没有直接作用到执行机构上，也没有作为给定值输出给其他控制回路，因而和被控对象没有发生直接的联系。系统的控制任务实际上是由操作人员根据计算机输出的指导指令操作执行机构来完成的。

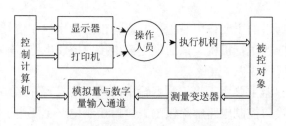

图 3-8　操作指导控制系统结构图

此类系统在工作时，计算机按照预先设定的采样时间，经模拟量输入通道和数字量输入通道，采集生产过程或设备对象的状态参数，并根据预先建立的生产过程数学模型，计算出下一阶段被控对象的最优操作方案，将其通过打印机或显示器输出，指导操作人员进行操作。操作人员根据计算机通过显示器或打印机发出的控制指令以及现场实际情况，去改变控制回路的设定值或者直接操纵执行机构，使被控对象工作在预先设计的优化状态，从而实现提高产品产量、质量或降低生产成本等控制目标。

操作指导控制系统是最早出现的一种计算机控制系统，在计算机控制系统发展的早期阶段，该系统使得人们认识到计算机在控制系统中的重要意义及广阔前景。操作指导控制系统最大的特点是"人在回路中"。虽然结构简单，但比较灵活、安全。对于计算机给出的参考指令，操作人员若认为当前生产状态不符合操作条件，可以忽略操作指令。该方案常被用于计算机控制系统设计的初级阶段，验证新的控制方案，分析被控对象输入输出特性。在应用时，也存在一些缺点，由于在计算机控制指令发出到最终被执行，操作人员需要发挥自己的主观能动性，因而会造成一定程度的控制延迟，会影响一些快变对象的控制性能。

3.4.2　直接数字控制系统

直接数字控制（direct digital control，DDC）系统是一种计算机闭环控制系统，其结构如图 3-9 所示。从图中可以看出，与操作指导控制系统不同，该系统中计算机输出指令不经过操作人员，可以直接作用在执行机构上，使被控参数满足预定要求。计算机作为整个系统的核心控制器，完全取代了模拟控制系统中的模拟控制器。整个系统的控制任务完全由计算机完成。

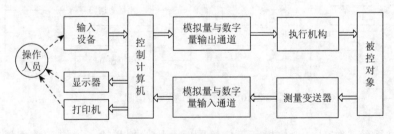

图 3-9　直接数字控制系统结构图

此类系统在工作时，由计算机利用模拟量输入通道和数字量输入通道对被控对象的参数进行采集，并将采样值与预先保存在计算机中的给定值进行比较，得到偏差量大小，然后利用所编写的控制算法或控制规则，求解控制量，然后再通过模拟量输出通道或数字量输出通道，将其传递给执行机构，完成对被控对象的控制。

　　直接数字控制系统是在操作指导控制系统发展后期出现的一种在线实时控制系统，也是目前最为普遍的一种计算机控制系统，在化工、机械、交通、食品等很多行业都有着广泛应用。在操作人员设定控制目标后，所有操作都是由计算机完成的，无需操作人员干预。利用计算机强大的计算功能和分时复用功能，一台计算机可以同时实现多回路控制，从而提高计算机的利用效率。由于系统的各种功能大多是通过包括控制程序在内的应用程序来实现的，因此程序的组织和编排对控制性能的影响较大。相对于模拟控制器而言，直接数字控制更加灵活，通过改变控制程序，可以实现复杂控制算法或逻辑判断，如模糊控制、优化控制、智能 PID 控制、滑模控制等。

3.4.3　监督控制系统

　　监督控制（supervisory computer control，SCC）系统从某种意义上讲是一种双闭环计算机控制系统，其结构如图 3-10 所示。从图中可以看出，监督控制系统是操作指导控制系统和直接数字控制系统的综合与发展。该系统中通常包含两个计算机：一个用于完成操作指导系统中计算机的功能；另一个用于完成直接数字控制系统中计算机的功能。通常前者被称为上位机，后者被称为下位机，这两个计算机以串联的方式连接到一起。由于监督计算机主要是通过改变设定值来影响被控对象的，因此有些场合该系统也被称为设定值控制系统。

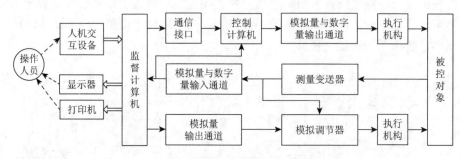

图 3-10　监督控制系统结构图

　　此类系统工作时，上位机和下位机同时利用模拟量输入通道和数字量输入通道采集被控对象的各种参数。上位机主要根据预先建立的生产过程的工艺要求、被控对象模型和测量得到的对象当前状态参数，利用编排的控制软件或者程序，计算出被控变量的最佳设定参数，并传递给下位机；下位机则根据采集到的对象当前参数和上位机传送来的给定信号计算出控制量，再通过模拟量输出通道或者数字量输出通道，将控制量输出给执行机构，从而实现对被控对象的控制。

与直接数字控制系统相比，监督控制系统可以对被控变量的给定值进行控制，还可以实现被控对象的优化控制，除控制功能外，借助生产数据的采集、存储与管理，实时数据与历史数据的统计与分析，监督控制系统中的上位机可以实现更多的功能，如先进控制算法的实施、生产过程的优化控制以及部分的生产管理任务等。同时利用两层控制结构，计算机控制系统的可靠性也得到了一定程度的提高，当上位机有故障时，在当前给定值下，下位机可以单独对回路进行控制，保证生产过程的连续性。当下位机有故障时，上位机可以作为下位机的备份，完成相应的控制功能。

3.4.4　分布式控制系统

分布式控制系统是一种计算机对生产过程装备进行集中监视、操作、管理和分散控制的综合控制系统。其结构如图 3-11 所示。从图中可以看出分布控制系统也是一个分级控制系统，整个系统从生产现场到企业管理者共分四层：装置控制层、监督控制层、车间管理层、企业经营层。有的企业根据其规模，将车间管理层和企业经营层合并构成三层分布式控制系统。

装置控制层是分布式控制系统的基础，用于直接控制生产设备，使生产设备在预先设定的性能指标下工作。该层通常包括多个控制计算机，每一个控制计算机单独控制一个回路或者部分回路，并将所控制回路的信息上传至监督控制层。操作人员在监督控制层查看来自装置控制层的数据，对生产过程进行监视和操作。监督控制层的计算机也能够根据车间管理层提出的技术要求，利用所设计的优化算法与控制程序，确定装置控制层各个被控参数的最优给定量，实现对装置控制层被控对象的优化控制。操作人员在监督控制层可以掌握生产过程的全面情况，并可以干预生产过程的实际运行。车间管理层则根据当前生产设备工作状态和企业经营层制订的生产任务，选择优化方法，制订生产计划并审核设备控制方案，发送至监督控制层。企业经营层则根据当前市场分析报告和企业长期发展规划，制订近期企业生产任务，协调并制订各车间生产方案，发送至车间管理层，实现企业的总体调度与全局优化。

随着计算机技术发展、工业生产规模不断扩大，分布式控制系统在工业领域，尤其是连续流程工业领域（如化工、电力等）的应用越来越广泛，此类控制系统综合了计算机技术、自动控制技术、信号处理技术、人机交互技术，具有模块化、操作集中、数据显示直观、管理方便、协调性好、可靠性高等优点。由于设计时通常遵循"分散控制，集中管理"的原则，因此，在早期引进阶段，此类控制系统也被称为集散控制系统。

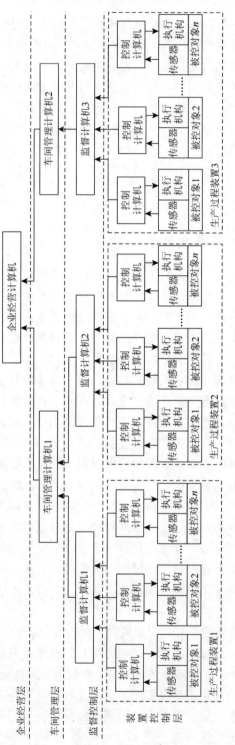

图 3-11 分布式控制系统结构图

3.4.5　网络控制系统

网络控制系统（networked control system，NCS）是一种通过网络将各种传感器、控制器、执行机构等单元连接到一起的新型控制系统，其结构如图 3-12 所示，从图中可以看出，网络是整个系统的核心，其形式也是多种多样的，如 CAN、DeviceNet、Internet 等。控制器、传感器和执行机构根据组成方式的不同，既可以单独连接到网络，也可以组合成现场智能仪表连接到网络。

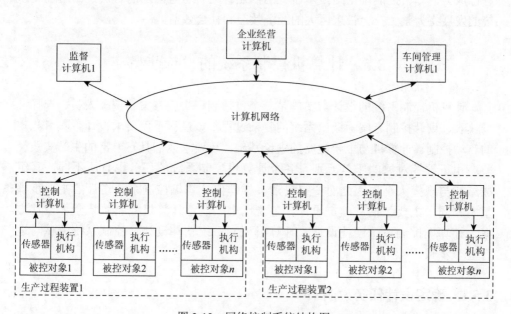

图 3-12　网络控制系统结构图

工作时，传感器单元将采集到的现场数据按照规定的协议发送到网络，计算机或者控制单元从网络上接收到现场数据，根据预先编写的控制程序，计算出控制量后，将其按照规定的协议发送回网络，执行器单元从网络上接收来自计算机的控制量后，完成动作，实现对被控对象的控制。在网络控制系统发展的早期阶段，传感器单元和控制单元是一个整体，被称为现场智能仪表，各种现场智能仪表通过网络将生产现场各种参数（包括被控变量和控制量）经网络（又称现场总线或现场总线网络）发送至监督控制计算机，监督控制计算机根据生产设备的运行情况，通过优化软件，计算出各个被控变量的最优给定值，或者变化的上、下限，再通过网络发送给现场智能仪表，由现场智能仪表完成控制，使得被控参数按照所设定的给定值变化。

网络控制系统是一种新兴的分布式控制系统，是未来计算机控制系统发展的一个重要方向。与 DCS 相比，网络控制系统的连线更少、设备更加分散、可靠性更高、开放性更好。借助网络技术的快速发展，网络控制系统中信息共享的速度更快、任务调度更及时、管理决策更便捷，生产企业的整体自动化和性能优化更易于实现。但也需要注意，由于网络带宽、网络数据传输能力的限制，数据在网络中的传输将不可避免地存在延迟、丢包等问题，导致网络控制系统性能下降，而且上述问题的不确定性也给网络控制系统的分析、设计带来了很大困难。受限于分析工具和理论基础的薄弱，网络控制系统还有很多不足之处，其中的一些问题已成为计算机控制理论与技术研究的热点。随着这些问题的解决，网络控制系统的发展将为整个社会带来巨大的经济效益和社会效益。

3.5　计算机控制系统的设计步骤

计算机控制系统的设计与实施是一个包括制订实施方案、调配人员、选择现场仪表、设计控制方案、调试系统的复杂过程。该过程不仅要求设计者具有扎实的自动控制、计算机与电子电路的理论基础，还要求他们具有丰富的生产实践经验。由于被控对象的千差万别，各个计算机控制系统的任务也有所不同，其组成结构与规模大小也因此而变得灵活多样，但计算机控制系统设计的主要步骤基本相同，主要包括：确定设计任务说明书、制订计算机控制系统整体设计方案、计算机控制系统硬件设计、计算机控制系统软件设计、控制系统调试与运行五个步骤。

3.5.1　确定设计任务说明书

设计者在接受设计任务后，首先需要掌握委托方所提出的控制要求，设计经费预算、研制时间等信息，然后根据委托方提供的生产过程的工艺流程或被控对象的技术手册，充分了解被控对象的工作过程，对被控对象开展详细调查与分析，熟悉被控对象的工作环境，掌握被控对象的输入输出特性，控制参数和被控变量之间的逻辑关系，进一步明确控制任务，包括各种技术经济指标要求，各种输入输出接口要求等，确定系统设计中可能遇到的关键问题，确定所设计系统应该实现的功能，通过工艺图、时序图、流程图、框图等直观的方式描述控制过程和控制任务，分析系统可以达到的性能指标，并与委托方所提出的性能指标进行比较，对于一些不合理的指标进行讨论，并撰写设计任务说明书。通常设计任务说明书应包括如下几项。

（1）所设计系统的主要功能、技术指标。

（2）功能框图以及文字说明。

（3）控制参数以及被控参数的类型、名称与数量。

（4）经费总体预算。

（5）设计与实施进度安排。

（6）委托方所提供现场条件或设计方对现场条件的要求。

设计任务说明书完成后应经双方签字确认后存档。系统工艺流程、被控对象说明书等技术资料可以作为附件与设计任务说明书共同存档。

3.5.2　制订计算机控制系统整体设计方案

在和委托方一起确定设计任务说明书后，设计者就可以开始进行整个计算机控制系统的设计工作，设计中应该遵循安全可靠、实时性好、通用性强、成本合理、设计周期短、易于操作、维护方便的原则。总体设计方案是整个设计过程中最关键的一步，直接关系到整个设计的成败。

在总体设计方案中，设计者应该结合前期对生产工艺的了解以及对被控对象的认识，确定整个计算机控制系统的类型与结构。首先根据设计任务的要求，确定采用开环结构还是闭环结构，对于一些自动化程度要求不高的系统，可以采用人在回路中的设计方案，利用操作指导控制系统实现对被控对象的监督与控制。对于自动化水平和系统性能指标要求较高的系统，不仅需要考虑采用闭环结构，还需要明确是采用直接数字控制、监督控制，还是采用分布式控制或者网络控制。一般来讲，对于控制回路较少、规模较小的控制系统，可以选择直接数字控制或者监督控制系统。当控制回路很多，系统规模庞大时，单一的直接数字控制无法完成整个系统的控制任务，则需要采用分布式控制或者网络控制系统。控制方案确定后，可以进一步确定系统的组成单元，如主机类型、测量变送器类型、执行机构类型、输入输出通道类型等。当控制回路较少，控制算法简单而且不需要经常修改时，可以选择单片机、数字处理器或者近年来出现的片上系统等作为系统的控制器；当系统控制回路较多，而且调试、维护工作量较大时，需要采用工业控制计算机（简称工控机）；当控制系统中开关量占据较大份额，模拟量较少时，可以选择可靠性更高、抗干扰能力更强的可编程控制器作为系统的控制计算机。另外还需要根据系统的重要程度和可靠性要求，适当考虑是否需要配置镜像备份系统，当主控制器出现故障时，备份控制器能够及时替代，确保系统正常工作。

测量器件、执行机构和输入输出通道类型的确定则主要是结合工业现场环境，根据控制参数与被控参数的类型进行选择，若测量参数中包含模拟量，则一定要有模拟变送器和模拟量输入通道；若工业现场需要采用防火防爆措施的，则不能采用电动执行机构，只能采用防爆等级符合要求的气动或液压机构。

最后对上述设计工作进行总结，绘制整个计算机控制系统的原理框图，并根据系统设计任务说明书中的功能框图，确定所需要的一些外部设备，若系统需要完成参数的在线显示，则需要配置显示器；若需要定期、按时打印生产数据，则需要配置打印机；若需要将历史数据保存在光盘则需要配置可刻录光驱等。

3.5.3 计算机控制系统硬件设计

确定了系统总体设计方案后，设计者就可以开始进行控制系统的硬件设计和软件设计。在计算机控制系统设计过程中，硬件设计和软件设计是密不可分的两个阶段，软硬件的功能划分要根据系统的运行速度、设计成本、设计周期等要求综合考虑、相互兼顾。例如，某些功能，利用硬件完成相对于利用软件完成速度更快，但不易修改与更换。在硬件设计中主要完成控制计算机、输入输出通道、传感器、变送器、执行机构的选型与设计工作。

在此过程中，首先可以根据设计任务说明书和总体设计方案中所列被控变量、控制变量以及监测变量的类型、数量、特性等确定所需传感器的种类、数量、型号，然后进一步选择所适用的变送器型号与数量，变送器可以将传感器输出的微弱电信号转换为可以远传的标准电信号或者气压信号，最后根据被控对象的特点、介质类型和使用环境，从工艺生产安全的角度，确定执行机构的类型和型号。常见的执行机构主要包括电动、气动和液压，其中电动执行机构最方便，种类较多，体积较小，使用中不需要额外辅助单元，但在一些安全防爆场所（如石油炼化企业）不能使用；气动执行机构结构比较简单，而且本质上是防爆的，但需要配置额外的气源和电气转换装置。液压执行机构与气动执行机构类似，同时还具有驱动力大、精度高等特点。

完成了上述工作后，还需要根据设计任务说明书所确定的控制系统类型选择所用控制计算机以及输入输出通道的型号。

对于使用工业计算机的系统，按照总体方案中确定的系统结构与控制器类型，设计者应充分考虑后续维护、系统升级、软硬件兼容性、设计成本等实际情况，合理选择总线类型，并进一步根据所选择的总线类型确定所用计算机型号。总线型工业控制计算机相对于普通家用或商用计算机，具有模块化、可靠性高、维护方便等优点，对于一些长时间连续运行的计算机控制系统，工业控制计算机是一种比较好的选择，当某模块出现故障时，可以在不断电的情况下进行更换，而不影响其他回路的控制。在确定了计算机型号后，可以根据控制系统被控变量以及控制参数的类型、数量、硬件设计成本、计算机底板上插槽数量等，合理选择相应的输入输出通道模板（即模拟量输入/输出板，数字量输入/输出板）的型号和数量。所选型号和数量可按照需要进行组合，现在国内外很多厂家在设计上述通道模板时已充分考虑用户需求，提供了多种组合方案供用户选择。在选择模拟量输入输出板时还需充分考虑输入信号的类型、电压或电流范围、转换速度、分辨率、量程范围等性能指标。

对于使用可编程控制器的场合，应根据企业已有可编程控制系统类型、所设计控制系统规模、硬件设计成本、被控变量以及控制参数的类型数量等因素，选择可靠性好、维护使用方便以及性能价格比最优的机型，并确定相应的输入输出模块的型号与类型。若需要将可编程控制器连入所在企业的生产信息网络，还需要为 PLC 选择相应的网络模块，或者选择带有网络接口的机型。

对于使用单片机或者数字处理器的方案，硬件设计往往不能像上述系统一样选择比较成熟的模块进行集成，而是需要自己利用电路设计软件如 Altium Designer、OrCAD 等，设计系统的硬件电路，要求设计者通过芯片选型、原理图绘制、印刷电路图绘制以及电路板制作、调试等环节，自行制作计算机控制系统硬件电路，因此设计者需要有比较扎实的电子电路知识和丰富的设计经验。

3.5.4　计算机控制系统软件设计

在确定了控制系统所用计算机类型后，即可进行系统软件设计。软件设计一般包括选择控制计算机操作系统，确定软件开发环境、控制软件开发等环节。目前可供工业控制计算机使用的操作系统很多，从常见的 UNIX、Windows、Linux 等，到比较小众的 VxWorks、μC/OS-II 等，各有各的长处，也各有各的不足。设计者可以根据所选择计算机型号、设计者使用习惯、后续开发维护工作的难易等因素进行选择。适用于工业控制计算机的软件开发环境也有很多，但需要根据预先选择的计算机操作系统进行选择，不同的操作系统其软件开发环境通常也有较大差别。常见的软件开发环境主要包括两类：一类是以 C 语言为代表的高级编程语言，如在 Windows 下的 Visual Studio 系列中的 C++；另一类是以组态软件为代表的工业控制系统开发软件，如美国的 iFix 软件和国内的组态王软件。

对于可编程控制器和单片机、数字处理器等控制计算机而言，根据型号的不同会有相应的开发编程环境，如适用于西门子 PLC 的 WinCC，适用于 51 单片机的 Keil 软件等。设计者可以自行开发相应软件，在所选择硬件平台上完成相应控制任务。

在开发控制软件时，设计者应尽可能地利用模块化设计方法，将整个系统合理划分为各个功能模块，并绘制出整个系统的功能框图、程序流程图以及各功能模块流程图，然后确定被控参数、控制参数的数据类型，通常数据类型可以分为逻辑型和数值型。数值型在程序中又可分为字节型、整型、浮点型等。由于采用模块化设计方法，各模块之间需要交换数据，为避免数据交换错误，需要严格明确各参数的数据类型。如果运行时需保存和使用历史数据，还需对数据结构进行规划，尤其是在存储空间较为有限的单片机和数字处理器形式的控制计算机上。数据类型和数据结构规划完成后，还需进行控制计算机资源分配，如内存、输入输出地址等，对于工业控制计算机而言，此类资源的分配主要是通过操作系统来完成的，而对于单片机、DSP 等嵌入式系统而言，在程序设计初期即可通过开发软件进行设定和分配。

常见的控制程序模块一般有以下几种：数据采集及处理模块、数据存储与管理模块、数据通信模块、中断服务模块、实时控制模块、控制量输出模块等。其中数据采集与处理模块主要包括模拟量与数字量的采集、滤波、非线性补偿、标度变换、越限报警等功能。数据存储与管理模块主要包括利用 EEPROM、硬盘等掉电不丢失的存储设备存储被控参数、控制参数以及报警记录等数据，在工业控制计算机中尽可能将其保存到数据库中，便于后续的查询、删除、显示以及变化趋势分析等。数据通信模块主要用于通过网络或者通信总线，实现计算机与计算机之间、计算机与智能仪表之间的数据交换。中断模块则主要用于对各种异常或者重要事件的处理，以便计算机能对异常事件做出及时处理，另外可以利用定时中断的方式调用一些周期性运行的模块，如定时数据采集模块等。实时控制模块主要是根据所采集的数据、被控对象的模型以及设计的控制算法，计算出所需要的控制量。目前单回路常用的控制算法有数字比例-积分-微分等控制算法。在工况复杂、工艺要求高的场合，可以选用前馈+反馈控制、串级控制、自适应控制等策略。在监督控制系统、分布式控制系统、网络控制系统中，还可以应用模糊控制、神经网络控制、专家系统等智能控制方案。实现时，可以根据控制对象的不同特性和要求恰当地选择合适的控制算法实现对被控对象的控制。控制量输出模块主要用于对控制量进行标度变换、柔化等处理，并将变换后的结果经输出通道输出，以驱动各种执行机构和电气开关，完成控制。

3.5.5　控制系统调试与运行

硬件、软件设计完成后，一个计算机控制系统就已经初步完成了，但各项功能是否已经实现，能否满足预先设定的任务要求，还需通过系统调试与运行环节来测试和验证。该环节通常分为离线调试、在线调试、运行维护三个阶段。离线调试和在线调试前应该首先制订比较详细的检测内容、调试计划、实施方案、改正措施，运行维护阶段则需要不断记录生产中出现的一些新问题，并认真分析和查找问题根源，及时解决，避免更大问题的出现。

离线调试通常是在实验室完成的，包括硬件和软件两个方面，主要检查硬件电路和软件程序的整体性能，为现场顺利投运做准备。为提高测试效率，硬件与软件的调试一般同时进行，计算机的内存、硬盘、复位等功能可以通过操作系统来进行检测，模拟量与数字量输入输出通道的检测可以和数据采集与控制量输出程序一起完成，利用仿真信号源检查各个通道是否畅通，若发现问题，则需追根溯源，找到问题出现的根源，而不应试图通过额外的程序去掩盖问题，否则将会使问题变得越加复杂与难辨，为系统的正常运行埋下隐患。系统闭环性能的测试会比较复杂，通常可以利用被控对象的数学模型搭建被控对象仿真系统，然后基于仿真系统，测试阶跃响应、斜坡响应下闭环控制回路的超调量、调节时间、稳态性能等指标。在完成软硬件联合调试、对系统硬件进行全面检查后，还应该对软件进行整体测试，主要检查各模块之间的关系是否正确，把软件设计中的一些隐含问题暴露出来，为系统的在线调试和维护运行创造良好条件。

在线调试通常是在工业生产现场进行的，主要是检查检测元器件、现场仪表、执行机构是否能符合精度要求，连线是否正确，现场条件下各接口电路、输入输出通道、控制计算机等关键设备经过分解、运输和再组装后能否正常工作。调试时应该遵循从小到大、从易到难、从手动到自动、从简单到复杂、先开环再闭环，逐步过渡的原则，安全稳妥地完成测试任务，尽可能减小由于系统调试给生产带来的不利影响。

经过在线调试后的系统就可以投入试运行。投运时，应该遵循先手动再自动的原则，特别是一些闭环回路的参数整定，由于前期闭环回路的测试主要是利用仿真模型进行的，该模型和真实生产过程存在一定差异，因此具体闭环控制参数需要在试运行中进行修改和完善。运行维护阶段是对整个系统的最终测试与考核，重点检查系统的抗干扰措施、安全防护措施是否完善，发现一些前期未发现的问题，为系统长期可靠稳定的运行奠定良好的基础。

3.6 计算机控制系统的发展趋势

自 20 世纪 40 年代末第一台计算机问世以来，计算机和自动控制技术的结合就从未停止过。据相关文献报道，1959 年世界上第一台过程控制计算机在美国得克萨斯州的一个炼油厂正式投入运行。该系统控制有 26 个流量、72 个温度、3 个压力和 3 个成分，基本功能是控制反应器的压力，确定反应器进料量的最优分配，根据催化作用控制热水流量以及确定最优循环。

早期的计算机由于其运算速度慢、价格高、可靠性差等缺点，在工业控制领域的推广较慢，不能用于连续闭环控制。但这种情况随着半导体技术的快速发展很快得到了改变，1962 年美国孟山都公司将第一个直接数字控制系统应用到了工业装置，同年，英国帝国化学公司制碱厂也实现了中等规模的直接数字控制系统。

直接数字控制系统利用计算机成功实现了对工业生产设备的闭环控制，使人们看到了计算机在控制系统中的重要地位以及广阔应用前景。集成电路的出现与发展，使得计算机体积更小、运算速度更快、可靠性更高，也使得计算机控制系统进入了崭新的发展阶段，出现了融合计算机技术、控制技术、通信技术、图形化人机交互技术的分布式控制系统。

近年来，随着控制理论、通信技术、计算机技术的不断创新，计算机控制系统向着标准化、智能化、网络化、扁平化、多元化和综合化的方向快速发展。

1. 标准化

随着计算机控制系统的普及，越来越多的高科技企业投入了大量的人力、物力和科研经费研制计算机控制系统的各个模块，如数据采集模块、通信模块、D/A转换模块等，但由于标准不一，造成不同企业之间生产的模块兼容性较差，给计算机控制系统的更新换代带来了不利影响。受此影响，标准化成为未来计算机控制系统研制企业日益重视的一个问题。通过制定各模块接口标准、通信标准，各企业生产的模块兼容性将得到很好地改善。

2. 智能化

随着技术的进步，人们对工业生产过程的要求已经不仅仅局限于精确性、快速性，而是更加注重控制系统的鲁棒性、实时性、容错性。被控对象也日趋复杂，过程的非线性和不确定性使得许多已有的控制策略无法实施，或者实施效果不理想。

借助智能控制理论的发展和完善，模糊控制、神经网络、专家系统等新型控制算法在计算机控制系统中的应用变得越来越普及，计算机控制系统的逻辑推理能力、复杂系统的自组织能力和容错能力不断提高。同时，通过和传统控制方法相组合，控制策略设计的灵活性显著提高，克服了以往单一控制策略的不足，从而提高了控制系统的适应能力和控制性能。

3. 网络化

网络技术的发展，使得计算机控制系统各模块之间的数据交换变得便捷、快速。各种结构网络在计算机控制系统中的应用也变得越来越广泛，规模也变得越来越大，一些传统控制回路的典型特点也在悄然发生着变化。无线网络的出现使得拓扑结构变得灵活多样，有效弥补了有线网络的不足。目前网络化计算机控制系统正在向着有线网和无线网相结合的方向发展，如何有效提高网络利用效率、传输速度，缩短数据传输延迟，降低丢包率成为网络控制系统需要解决的几个关键问题。

4. 扁平化

随着网络带宽的不断增加和数据库技术的不断变革，新一代计算机控制系统的层次结构也在不断简化，从传统的四层结构逐步形成了两层结构。其中上层结构主要负责企业经营数据的管理、生产任务的分配调度、信息的综合管理等任务，下层结构主要负责具体被控对象的回路控制、生产数据的采集、故障报警等任务，克服了复杂多层结构中信息传递不畅的缺点。

5. 多元化

随着计算机控制系统的广泛应用，企业中的计算机控制系统也变得越来越多元化。当企业将所用计算机控制系统进行整合，构建更大规模的计算机控制系统时，整个系统所包含的类型几乎涵盖了计算机控制系统的所有类型，而且控制计算机的类型也不仅仅是单一的工业控制计算机、可编程控制器、单片机、数字处理器等，而是一个包含了各种机型的综合体。多元化使得企业在针对不同的问题时可以选择不同的控制系统，从而有效节约了企业资源。

6. 综合化

随着计算机控制系统功能的不断完善，计算机控制系统从单纯的实现控制功能向着信息管理、生产数据处理、任务优化等多方向发展。在制造企业，计算机控制系统演化为计算机集成制造系统，是计算机技术、自动化技术、制造技术、管理技术和系统工程等多种技术的综合，包括了生产设备的控制、自动化装配、质量检测、故障诊断、计算机辅助设计与制造等功能。而在连续生产的流程工业，计算机控制系统演化为计算机集成过程系统，该系统综合了来自生产一线的生产数据、来自企业管理层的生产计划数据以及来自市场部门的销售和采购数据，实现了对企业的集成控制与综合优化。

第4章 先进制造自动化技术

4.1 先进制造技术

近年来，随着市场需求的不断扩大，制造业也不断发展，其生产规模沿着"小批量→少品种→大批量→多品种→变批量"的方向发展。与之相适应，制造技术的生产方式沿着"刚性自动化→数控加工→柔性自动化→计算机集成制造自动化→智能集成自动化"的方向发展。这里的制造技术自动化实际上指的是制造系统的自动化。

先进制造技术（advanced manufacturing technology，AMT）是为了适应时代要求，提高竞争能力，对制造技术不断优化所形成的。先进制造技术是制造业不断吸收机械、电子、信息（计算机与通信、控制理论、人工智能等）、能源及现代系统管理等方面的成果，并将其综合应用于产品设计、制造、检测、管理、销售、服务及其回收等过程，以实现优质、高效、低耗、灵活生产，提高对动态产品市场的适应能力和竞争能力，取得理想经济效果的制造技术总称。先进制造技术是将微电子技术、自动化技术、信息技术等技术融入到传统制造技术中，将机械工程技术、电子技术、自动化技术、信息技术等技术集成为一体，从而所生产的技术、设备和系统的总称。主要包括：计算机辅助设计、计算机辅助制造、集成制造系统等。

随着个性化与全球化市场的形成，信息、微电子、生物等高新技术在不断发展，世界制造科技四大发展趋势是绿色制造、高新技术、信息化和极端制造。目前先进制造技术的研究与实践领域主要涉及现代设计技术、先进制造工艺与装备、柔性自动化制造技术与装备、现代制造管理系统四大部分。

1. 现代设计技术

现代设计技术是继承和发展传统设计技术，以产品设计为目标，融合了新的科学理论和技术成果形成的知识群体。现代设计技术的主要内容包括计算机辅助设计、计算机辅助工程分析、模块设计、优化设计、可靠性设计、智能设计、动态设计、人机工程设计、并行设计、价值工程、创新设计、虚拟设计、全生命周期设计等。

2. 先进制造工艺与装备

制造工艺与装备是制造业发展的基础。近年来，先进的制造工艺与装备有了长足的进展，出现了精密形成和近静成形、快速原型等先进的成形技术；精密与超精密、高速与超高速等先进的金属加工技术；复合特种加工、表面工程等；多工种一体化的加工中心、高速内装式新型机床、并联结构数控机床等先进制造装备。

3. 柔性自动化制造技术与装备

制造自动化是制造业发展的重要标志。从早期的刚性自动化，发展到以计算机数控为基础的柔性自动化。其中，计算机数字控制技术、工业机器人技术、制造过程监控技术、柔性制造系统等都是现代制造学科与工程管理、计算机信息、自动化和系统工程等学科不断交叉和融合的产物。

4. 现代制造管理系统

现代制造管理系统是指将企业中的人、财、物、工作过程环境等视为相互联系、相互作用的有机整体，对多方案进行分析比较，求得整个制造过程的最优化。先进制造系统的管理技术涉及制造系统的组织及管理模式，将先进科学的管理技术与现代制造系统相结合，通过计算机与信息管理系统实现企业信息的集成管理。

制造自动化是指用机电设备工具取代或放大人的体力，甚至取代和延伸人的部分智力，自动完成特定的作业，包括物料的存储、运输、加工、装配和检验等各个生产环节的自动化。这是机械制造业最重要的基础技术，主要包括如下 5 个方面。

（1）数控技术：数控装置、送给系统和主轴系统、数控机床的程序编制。

（2）柔性制造系统：加工系统、物流系统、调度与控制、故障诊断。

（3）工业机器人：机器人操作机、机器人控制系统、机器人传感器、机器人生产线总体控制。

（4）自动检测及信号识别技术：自动检测、信号识别系统、数据获取、数据处理、特征提取及识别。

（5）过程设备工况监测与控制：过程监视控制系统、在线反馈质量控制。

本章接下来主要介绍柔性制造系统自动化、数控机床自动控制、工业机器人。

4.2　柔性制造系统自动化

柔性制造自动化系统是先进制造技术的发展史上一个重要的里程碑，与刚性自动化相对应的新的制造技术，其形成和发展的必要条件也包含计算机与信息处理技术的应用。柔性制造自动化不仅使制造技术发生了一次革命，而且进一步推动了生产模式的变革。图 4-1 是一种柔性制造系统的简化布局示意图，图中包含自动化立体仓库单元、图像识别系统单元、自动化输送系统单元、柔性加工单元、机器人搬运单元等。

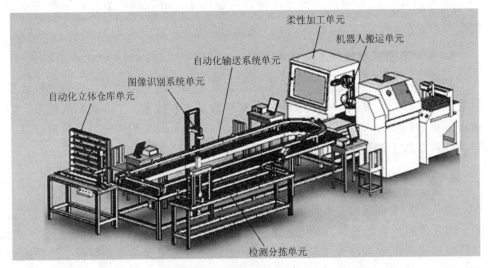

图 4-1　柔性制造自动化系统

　　柔性制造自动化技术是集数控技术、计算机技术、机器人技术以及现代管理技术为一体的现代制造技术。自 20 世纪 60 年代以来，为满足多品种、小批量生产自动化的需要，柔性制造技术得到了快速的发展，出现了柔性制造单元、柔性制造系统、柔性制造生产线（图 4-2）等一系列现代制造设备和系统，它们对制造业的进步和发展发挥了重大的推动和促进作用。

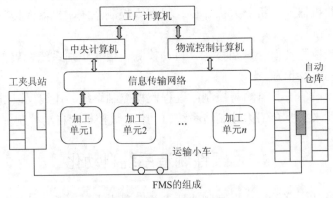

图 4-2　柔性制造生产线

4.2.1　柔性制造系统

柔性制造系统是能根据给定的制造任务和要求的生产品种进行调整的制造自动化系统。柔性制造系统主要由数字加工系统、物料运输系统、信息控制系统三部分组成（图 4-3）。数字加工系统是柔性制造系统的执行部分，其功能是以任意顺序自动完成各种工件的加工，自动更换刀具等，由数控机床、加工中心、机械手、托板转换四部分组成，前两部分主要完成加工任务，后两部分起辅助作用；物料运输系统由存储、输送和装卸三部分组成，主要任务是对工件毛坯、半成品、成品、刀具、工夹具和铁屑废料等的存放、运输；信息控制系统主要由过程控制系统、过程监测系统、仓库管理控制系统三部分组成，它是FMS 的大脑，起到指挥作用。

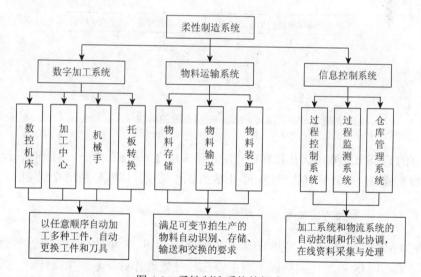

图 4-3　柔性制造系统的组成

4.2.2　柔性制造系统的控制

1. FMS 控制系统的要求

FMS 的控制系统由硬件和软件组成。硬件包括计算机系统、通信设施以及各种外设等，软件由系统支持软件和应用软件组成。对于 FMS 的控制系统应有如下要求：①尽可能地独立于硬件要求；②易于适应不同的系统配置，最大限度地实行系统模块化设计；③可在高效数据库的基础上实现整体数据维护；④对于相应的局域网协议以及新的通信结构具有开放性，采用统一标准；⑤对其他要求集成的功能模块备有简单的接口；⑥具有友好的用户界面。

2. FMS 控制系统的结构

FMS 控制系统通常采用集中管理、分散控制的结构形式，自上而下分成明确的层次。一般可将 FMS 分为 3 层；第 1 层为管理层；第 2 层为系统控制层；第 3 层为设备控制层，如图 4-4 所示。

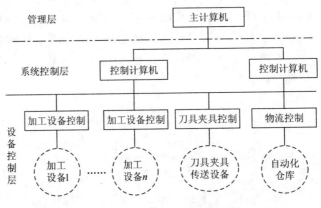

图 4-4　FMS 控制系统的结构

有的 FMS 比较复杂，往往在第 2 层和第 3 层之间增加一层——工作站层，这样可以将系统控制层计算机的部分功能下放给工作站层，以减轻系统控制层的负荷。

3. 控制计算机的功能划分及结构组织

在 FMS 控制结构中，控制计算机的任务是对 FMS 中的全部生产过程进行监视和协调。FMS 系统控制层以下的主要任务是处理作业计划、生产计划、数控程序编码以及生产系统和各个功能区的工作计划，系统控制层必须将加工过程必需的数据及控制程序放入控制系统中。

FMS 控制结构对控制计算机提出了两个相关的任务，即作业计划和过程运行控制。作业计划的功能是队列优化、资源准备、生产作业队列或混合分批和备用计划的产生等；过程运行控制的功能是制造过程控制和监视、排除干扰的实施措施、各个功能模块间的协调及向各个功能区投入作业等。

4. FMS 的控制架构

控制软件主要由制造执行系统（manufacturing execution system，MES）软件

和组态监控组成。MES 软件的主要功能是生产订单与计划的管理、下达生产计划给生产线、实时跟踪生产线的生产情况、用户的记录与管理及仓储管理等，MES软件是控制系统计划管理层。组态监控的主要功能是完成对整个生产系统的组态控制和实时监控、接收 MES 下达的生产计划及实时采集现场状态信息，组态监控是控制系统现场管理层。工业生产线的主要功能是按需完成生产计划及实时反馈现场状态，工业生产线是控制系统的生产执行层。

4.3　数控机床自动控制

数控机床（numerical control machine tool）是采用数字控制技术来实现某一工作自动控制的机床。它能将各种工作过程用数字、文字符号表示出来，经程序控制系统发出各种控制指令，从而自动完成加工任务。在被加工零件或加工作业变换时，它只需改变控制的指令程序就可以实现控制。所以，数控机床是一种灵活性很强，技术密集度及自动程度都很高的机电一体化加工设备。

数控机床具有加工精度高、生产效率高、加工复杂零件适应性强，能组织更复杂的柔性制造单元、柔性制造系统、计算机辅助制造系统、无人工厂等优点。缺点是价格较贵，对操作、编程、维修人员要求较高，如图 4-5 所示。

图 4-5　数控机床

4.3.1　数控机床组成

数控机床一般由机床本体、数控系统（数控装置、伺服驱动、输入/输出装置）、加工程序及程序载体、检测反馈装置和辅助控制装置组成（图 4-6）。

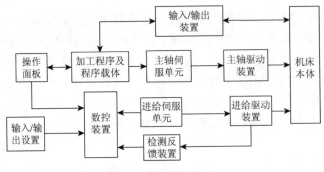

图 4-6　数控机床的组成

1. 机床本体

机床本体是指数控机床的机械部分。包括床身、导轨、各云动部件和各种工作台，以及冷却、润滑、转位和夹紧等辅助装置。对于加工中心类的数控机床，还有存放刀具的刀库及交换刀具的机械手等部件。数控机床机械部件的组成与普通机床相似，但传动结构更为简单，在精度、刚度、抗震性等方面要求更高，而且其传动和变速系统要便于实现自动化控制。其运动部件的传动机构用滚动丝杠，并有消除油隙的装置，以保证运动的精度。床身的导轨表面通常涂有特殊塑料层，以保证运动的平稳性，避免产生阶段性的"爬行"现象。

2. 数控系统

数控系统的主要控制对象是坐标轴的位移（包括移动速度、方向和位置等），其控制信息主要来源于数控加工或运动控制程序。因此，作为数控系统最基本的组成应该包括：数控装置、伺服驱动、程序的输入/输出装置这三部分。

其中伺服驱动接收来自数控系统的指令信息，经功率放大后，严格按照指令信息的要求取得机床的移动部件，使机床工作台精确定位或按规定的轨迹做严格相对运动，最后加工出符合图样要求的零件。由于伺服系统是将数字信号转化为位移量的环节，因此，它的精度及动态响应是决定数控机床的加工、表面质量和生产率的主要因素。相对于数控系统发出的每一个脉冲信号，机床移动部件的位移量称为脉冲当量，常用的脉冲当量为 0.01mm、0.005mm、0.001mm。伺服系统一般包括驱动装置和执行机构两大部分。目前大多采用直流伺服电动机或交流伺服电动机作为执行机构，多数的执行机构由相应的驱动装置来驱动。

3. 加工程序及程序载体

加工程序是数控机床自动加工零件的工作指令，指令中存储着加工零件所需的全部操作信息和刀具相对工件的位移信息等。编制程序的工作可由人工进行，或者由自动编程计算机系统来完成。编好的数控程序可存放在一种存储载体上，如穿孔带、磁带和磁盘等，并通过这些载体将加工信息输入到数控系统中。

4. 检测反馈装置

检测反馈装置由测量电路和测量部分组成，它是将数控机床各坐标轴的位移指令值检测出来并反馈至数控系统，数控系统对反馈回来的实际位移与设定值进行比较，并向伺服系统输出达到设定值所需的位移量指令。常用的测量部件有脉冲编码器、旋转变压器、感应同步器、光栅和磁尺等。

5. 辅助控制装置

辅助控制装置的主要作用是接收数控装置输出的主运动变速、换向和起停，刀具的选择和交换，以及其他辅助装置动作等指令信号。这些指令信号经必要的编辑、逻辑判断、功率放大后直接驱动相应的电器、液压、气动和机械等辅助装置，以完成指令规定的动作。此外，开关信号也经它的处理后送数控装置进行处理。

4.3.2　数控机床控制技术

1. 数控机床控制系统的组成

数控机床是采用数字控制技术对机床的加工过程进行自动控制的一类机床，它是数控技术的典型应用。数控系统是实现数字控制的装置，计算机数控系统是以计算机为核心的数控系统。数控机床控制系统的组成如图 4-7 所示。

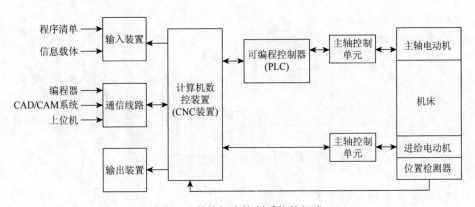

图 4-7　数控机床控制系统的组成

伺服单元分为主轴伺服和进给伺服，分别用来控制主轴电动机和进给电动机。

伺服单元接收来自计算机数控（computer numerical control，CNC）装置的进给指令，这些指令经变换和放大后通过驱动装置转变成执行部件进给的速度、方向、位移。

驱动装置将伺服单元的输出变为机械运动，它与伺服单元一起作为数控装置和机床传动部件间的联系环节，它们有的带动工作台，有的带动刀具，通过几个轴的综合联动，使刀具相对于工件产生各种复杂的机械运动，加工出形状、尺寸与精度符合要求的零件。

PLC 主要完成与逻辑运算有关的一些动作，没有轨迹上的具体要求，它接收 CNC 装置的控制代码 M（辅助功能）、S（主轴转速）、T（选刀、换刀）等顺序动作信息，对其进行译码，转换成对应的控制信号，控制辅助装置完成机床相应的开关动作，如工件的装夹，刀具的更换，冷却液的开、关等一些辅助动作；它还接收机床操作面板的指令，一方面直接控制机床的动作，另一方面将一部分指令送往 CNC 装置，用于加工过程的控制。

机床本体即数控机床的机械部件，包括：主运动部件，给进运动执行部件，如工作台、拖板及其传动部件；支承部件，如床身立柱等；辅助装置，具有冷却、润滑、转位和夹紧等功能的装置；加工中心类的数控机床还有存放刀具的刀库、交换刀具的机械手等部件。数控机床机械部件的组成与普通机床相似，但是由于数控机床的高速度、高精度、大切削用量和连续加工要求，其机械部件在精度、刚度、抗震性等方面要求更高。因此，近年来设计数控机床时采用了许多新的加强刚性、减小热变形、提高精度等方面的措施。

位置检测模块的主要作用是完成主轴、进给轴的位置检测，配合主轴控制模块、进给伺服控制模块（图 4-8）完成位置的控制，由检测装置和各种处理电路组成。

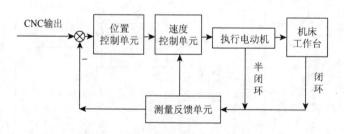

图 4-8 进给伺服控制模块组成

2. 数控机床的控制方式

数控机床按照对被控量有无检测反馈装置可以分为开环和闭环两种。在闭环系统中，根据测量装置安放的位置又可以将其分为全闭环和半闭环两种。在开环系统的基础上，还发展了一种开环补偿型数控系统。

1）开环控制数控机床

开环数控机床采用开环进给伺服系统，其数控装置发出的指令信号是单向的，没有检测反馈装置对运动部件的实际位移量进行检测，不能进行运动误差的校正，因此步进电机的步距角误差、齿轮和丝杠组成的传动链误差都将直接影响加工零件的精度。如图 4-9 所示，这类机床通常为经济型、中小型机床，具有结构简单、价格低廉、调试方便等优点，但通常输出的扭矩值大小受到限制，而且当输入的频率较高时，容易产生失步，难以实现运动部件的控制，因此已不能充分满足数控机床日益提高功率、运动速度和加工精度的控制要求。

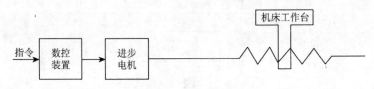

图 4-9　开环控制系统框图

2）闭环控制数控机床

位置检测装置安装在进给系统末端的执行部件上，可实测进给系统的位移量或位置。数控装置将位移指令与工作台端测得的实际位置反馈信号进行比较，根据其差值不断控制运动，使运动部件严格按照实际需要的位移量运动如图 4-10 所示；还可利用测速元器件随时测得驱动电机的转速，将速度反馈信号与速度指令信号相比较，对驱动电机的转速随时进行修正。这类机床的运动精度主要取决于检测装置的精度，与机械传动链的误差无关，因此可以消除由于传动部件制造过程中存在精度误差给工件加工带来的影响。

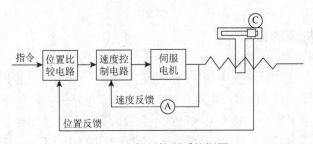

图 4-10　闭环控制系统框图

3）半闭环控制数控机床

半闭环控制系统的组成如图 4-11 所示。这种控制方式对工作台的实际位置不进行检查测量，而是通过与伺服电机有联系的测量元件，如测速发电机 A 和光电编码盘 B（或旋转变压器）等间接检测出伺服电机的转角，推算出工作台的实际位移量，图 4-11 为半闭环控制系统框图，用此值与指令值进行比较，用差值来实现控制。从图 4-11 可以看出，由于工作台没有完全包括在控制回路内，因而称为半闭环控制。这种控制方式介于开环与闭环之间，精度没有闭环高，调试却比闭环方便。

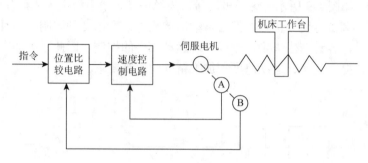

图 4-11　半闭环控制系统框图

4）开环补偿型控制方式

将上述三种控制方式的特点有选择地集中起来，可以组成混合控制的方案。这在大型数控机床中是人们多年研究的题目，现在已成为现实。因为大型数控机床需要高得多的进给速度和返回速度，又需要相当高的精度。如果只采用全闭环的控制，机床传动链和工作台全部置于控制环节中，因素十分复杂，尽管安装调试多经周折，仍然困难重重。为了避开这些矛盾，可以采用混合控制方式。在具体方案中它又可分为两种形式：一是开环补偿型；二是半闭环补偿型。它的特点是：基本控制选用步进电机的开环控制伺服机构，附加一个校正伺服电路。通过装在工作台上的直线位移测量元件的反馈信号来校正机械系统的误差。

4.3.3　数控机床的接口

数控装置与数控系统各个功能模块和机床之间的联系信息和控制信息，不能直接连接，必须通过 I/O 接口电路连接起来，接口电路的主要任务如下所示。

（1）进行电平转换和功率放大，由于数控装置内部的控制信号是 TTL 电平，要控制的设备或电路不一定是 TTL 电平，隐藏要进行电平转换和功率放大。

（2）为防止干扰引起的误动作。使用光电隔离器、脉冲变压器或继电器，使 CNC 和机床直接在电气上加以隔离。采用模拟量传送时，在 CNC 和机床电气设备之间要接入 D/A 和 A/D 转换电路。信号在传送过程中，由于衰减、噪声、反射等影响，会发生信号畸形，为此，要根据信号类别及传送质量，采取一定措施并限制信号传输距离。

4.3.4　PLC、CNC 与数控机床的关系

根据计算机数字控制系统 CNC、PLC 和数控机床的关系，可将 PLC 分为内装型 PLC 和独立型 PLC 两类。

1. 内装型 PLC

内装型 PLC 从属于计算机数字控制系统 CNC 装置，PLC 与 CNC 间的信号传送在 CNC 装置内部实现。PLC 与数控机床之间的信号传送则通过 CNC I/O 接口电路实现。图 4-12 为内装型 PLC、CNC 与数控机床的关系。

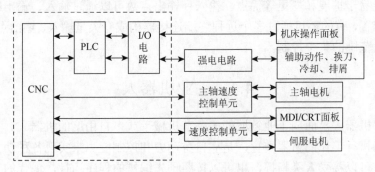

图 4-12　内装型 PLC、CNC 与数控机床的关系

内装型 PLC 实际上是 CNC 装置带有的 PLC 功能，一般是作为一种基本的功能提供给用户。其性能指标是根据所从属的 CNC 系统的规格、性能、适用机床的类型等确定的，其硬件和软件部分是被作为 CNC 系统的基本功能或附加功能与 CNC 系统统一设计制造的，PLC 所具有的功能针对性强，技术指标较合理、实用，适用于单台数控机床及加工中心等场合。内装型 PLC 可与 CNC 共用 CPU，也可单独使用一个 CPU；内装型 PLC 一般单独制成一块附加板，插装到 CNC 主机中。不单独配备 I/O 接口，而是使用 CNC 系统本身的 I/O 接口；PLC 控制部分及部分 I/O 电路所用电源由 CNC 装置提供，不另备电源。采用内装型 PLC 结构，CNC 系统可以具有某些高级的控制功能，如梯形图编辑和传送功能等。

2. 独立型 PLC

独立型 PLC 是独立于 CNC 装置，具有完备的硬件和软件功能，能够独立完成规定控制任务的装置。独立型 PLC 与数控机床的关系如图 4-13 所示。

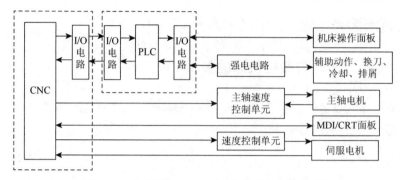

图 4-13　独立型 PLC、CNC 与数控机床的关系

独立型 PLC 本身即是一个完整的计算机系统，具有 CPU、程序存储器、I/O 通信接口及电源等。在数控机床的应用中多采用积木式模块化结构，具有安装方便、功能易于扩展和变更等优点。输入、输出点数可以通过输入、输出模块的增减灵活配置，有的还可通过多个远程终端连接器构成有大量输入、输出点的网络，以实现大范围的集中控制。

4.4　工业机器人

工业机器人是面向工业领域的多关节机械手或多自由度的机器人。工业机器人是自动执行工作的机器装置，是靠自身动力和控制能力来实现各种功能的一种机器。它可以接受人类指挥，也可以按照预先编排的程序运行，现代的工业机器人还可以根据人工智能技术制定的原则纲领行动。机器人技术是具有前瞻性、战略性的高技术领域。国际电气电子工程师协会 IEEE 的科学家在对未来科技发展方向进行预测中提出了 4 个重点发展方向，机器人技术就是其中之一。如图 4-14 所示为汽车生产线机器人。

图 4-14　工业机器人

4.4.1　工业机器人控制技术

机器人控制系统是机器人的大脑，是决定机器人功能和性能的主要因素。工业机器人（图 4-15）控制技术的主要任务就是控制工业机器人在工作空间中的运动位置、姿态、轨迹、操作顺序及动作的时间等来实现工业机器人在制造中的任务。

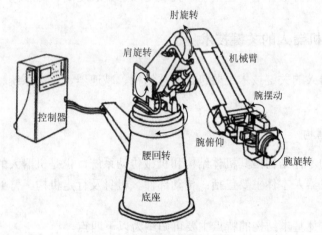

图 4-15　工业机器人示意图

1. 机器人的视觉

在机器人进行装配、搬运等工作时，用视觉系统对一组需装配的零部件逐个进行识别，并确定它在空间的位置和方向，引导机器人的手准确地抓取所需的零件，并放到指定位置，完成分类、搬运和装配任务。利用视觉系统为移动机器人提供它所在环境的外部信息，为机器人进行导航，使机器人能自主地规划它的行进路线，回避障碍物，安全到达目的地，并完成指令的工作任务。

2. 机器人的嗅觉

机器人的嗅觉实际是在机器人上安装嗅觉传感器，使它能感受各种气味，从而用来识别其所在环境中的有害气体及其含量。常用的嗅觉传感器是半导体气体传感器，它利用半导体气敏元件同气体接触，造成半导体的物理性质变化，借以测定某种特定的气体成分及其含量。大气中的气味各种各样，而目前研制出的气体传感器只能识别像 H_2、CO_2、CO、NO 等少数气体。因此，除特殊需要安装探测特定气体的气体传感器外，一般的机器人基本上没有嗅觉。

3. 机器人的触觉

要使机器人具有动物那样敏感的触觉是相当困难的，机器人装上触觉传感器的目的是检测机器人的某些部位（如手或足）与外界物体是否接触，识别物体的形状和在空间的位置，保证机器人的手能牢固地抓住物体，或保证其足能稳稳地踩在地面上。机器人的触觉集中在手上，因为它主要是用手指来接触物体的。而且触觉传感器具有形体小、重量轻、灵敏度高、集成度高、可靠性高的性能。

4.4.2　工业机器人的关键技术

工业机器人的关键技术主要包含本体结构、减速器、驱动系统、控制系统等部分。

1. 本体结构

机器人的本体结构指其机体结构和机械传动系统，也是机器人的支承基础和执行机构。机器人本体主要包括：传动部件、机身及行走机构、臂部、腕部、手部等。

机器人本体基本结构的特点主要可归纳为以下四点。

（1）一般可以简化成各连杆首尾相接、末端无约束的开式连杆系，连杆系末端自由且无支承，这决定了机器人的结构刚度不高，并随连杆系在空间位姿的变化而变化。

（2）开式连杆系中的每根连杆都具有独立的驱动器，属于主动连杆系，连杆的运动各自独立，不同连杆的运动之间没有依从关系，运动灵活。

（3）连杆驱动扭矩的瞬态过程在时域中的变化非常复杂，且和执行器的反馈信号有关。连杆的驱动属于伺服控制型，因而对机械传动系统的刚度、间隙和运动精度都有较高的要求。

（4）连杆系的受力状态、刚度条件和动态性能都是随位姿的变化而变化的，因此，极容易发生振动或出现其他不稳定现象。

2. 减速器

减速器在原动机和工作机或执行机构之间起匹配转速和传递转矩的作用，使用它的目的是降低转速、增加转矩。减速器是一种由封闭在刚性壳体内的齿轮传动、蜗杆传动、齿轮-蜗杆传动所组成的独立部件，常用作原动件与工作机之间的减速传动装置。减速器一般用于低转速大扭矩的传动设备，把电动机、内燃机或其他高速运转的动力通过减速机的输入轴上的齿数少的齿轮啮合输出轴上的大齿轮来达到减速的目的，普通的减速机也会有几对相同原理齿轮达到理想的减速效果，大小齿轮的齿数之比，就是传动比。

3. 驱动系统

机器人电动伺服驱动系统是利用各种电动机产生的力矩和力，直接或间接地驱动机器人本体，以获得机器人的各种运动的执行机构。对工业机器人关节驱动的电动机，要求有最大功率质量比和扭矩惯量比、高起动转矩、低惯量和较宽广且平滑的调速范围。特别是像机器人末端执行器（手爪）应采用体积、质量尽可能小的电动机，尤其是要求快速响应时，伺服电动机必须具有较高的可靠性和稳定性，并且具有较大的短时过载能力。这是伺服电动机在工业机器人中应用的先决条件。

电机大致可细分为以下几种。

（1）交流伺服电动机：同步型交流伺服电动机及反应式步进电动机等。

（2）直流伺服电动机：小惯量永磁直流伺服电动机、印制绕组直流伺服电动机、大惯量永磁直流伺服电动机、空心杯电枢直流伺服电动机。

（3）步进电动机：永磁感应步进电动机。

速度传感器多采用测速发电机和旋转变压器；位置传感器多用光电码盘和旋转变压器。近年来，国外机器人制造厂家已经在使用一种集光电码盘及旋转变压器功能为一体的混合式光电位置传感器，伺服电动机可与位置及速度检测器、制动器、减速机构组成伺服电动机驱动单元。

4. 控制系统

机器人控制系统是机器人的重要组成部分，用于对操作机的控制，以完成特定的工作任务，机器人控制系统按其控制方式可分为三类。

（1）集中控制系统：用一台计算机实现全部控制功能，结构简单，成本低，但实时性差，难以扩展，在早期的机器人中常采用这种结构。集中式控制系统的优点是：硬件成本较低，便于信息的采集和分析，易于实现系统的最优控制，整体性与协调性较好，基于 PC 的系统硬件扩展较为方便。其缺点也显而易见：系统控制缺乏灵活性，控制危险容易集中，一旦出现故障，其影响面广，后果严重。

（2）主从控制系统：采用主、从两级处理器实现系统的全部控制功能。主 CPU 实现管理、坐标变换、轨迹生成和系统自诊断等；从 CPU 实现所有关节的动作控制。主从控制方式系统实时性较好，适于高精度、高速度控制，但其系统扩展性较差，维修困难。

（3）分散控制系统：按系统的性质和方式将系统控制分成几个模块，每一个模块各有不同的控制任务和控制策略，各模式之间可以是主从关系，也可以是平等关系。这种方式实时性好，易于实现高速、高精度控制，易于扩展，可实现智能控制，是目前流行的方式。

4.4.3　工业机器人的应用

20 世纪 50 年代末，美国在机械手和操作机的基础上，采用伺服机构和自动控制等技术，研制出有通用性的独立的工业用自动操作装置，并将其称为工业机器人；60 年代初，美国研制成功两种工业机器人，并很快地在工业生产中得到应用；1969 年，美国通用汽车公司用 21 台工业机器人组成了焊接轿车车身的自动生产线。此后，各工业发达国家都很重视研制和应用工业机器人。

工业机器人在工业生产中的应用范围比较广，它能代替人做某些单调、频繁和重复的长时间作业，或是危险、恶劣环境下的作业，如在冲压、压力铸造、热处理、焊接、涂装、塑料制品成形、机械加工和简单装配等工序上，以及在原子能工业等部门中，完成对人体有害物料的搬运或工艺操作（图 4-16）。

图 4-16　搬运机器人

1. 搬运机器人

搬运机器人在制造业的生产线中大显身手，高效、准确、灵活地完成物料的搬运任务，主要用于工厂或仓库的搬运作业，用人力或自动装货，运输到指定地点，人力卸货或者自动卸货，从而完成搬运作业。近年来搬运机器人在机械加工、家电生产、微电子制造、卷烟等多个行业广泛应用。

利用高清晰摄像头（vision 系统）实现对无定位工件的准确位置判断，在机器人收到信号后，开启软浮动功能，机器人可以受外力改变姿态，通过参数设置改变外力大小，手爪在抓取毛坯件时可以根据毛坯面改变姿态，达到完全贴合，避免碰撞和摩擦。通过应用软浮动功能，机器人首先抓取工件运行到定位销锥度部位，由机床夹具夹紧，在与机床进行通信得到上料请求后，机器人通过软浮动移动至上料位置，从而实现上料过程。

2. 焊接机器人

焊接机器人是从事焊接的工业机器人。根据国际标准化组织工业机器人术语标准焊接机器人的定义，工业机器人是一种多用途的、可重复编程的自动控制操作机，具有三个或更多可编程的轴，用于工业自动化领域。从 20 世纪 60 年代开始用于生产以来，弧焊机器人随着电子技术、计算机技术、数控及机器人技术的发展，自动弧焊机器人技术日益成熟，在各行各业已得到了广泛的应用。其主要有以下优点：①稳定和提高焊接质量；②提高劳动生产率；③改善工人劳动强度，可在有害环境下工作；④降低了对工人操作技术的要求；⑤缩短了产品改型换代的准备周期，减少相应的设备投资。

焊接机器人在工业机器人的末轴法兰装接焊钳或焊（割）枪的，使之能进行焊接，切割或热喷涂。焊接机器人主要包括机器人和焊接设备两部分。机器人由机器人本体和控制柜组成。焊接装备由焊接电源、送丝机（弧焊）、焊枪（钳）部分组成。对于智能机器人还包括传感系统，如激光或摄像传感器及其控制装置等。图 4-17 表示焊接机器人示意图。

图 4-17　焊接机器人示意图

3. 装配机器人

装配机器人（图 4-18）是在工业生产中，用于装配生产线上对零件或部件进行装配的工业机器人，它属于高、精、尖的机电一体化产品，是集光学、机械、微电子、自动控制和通信技术于一体的高科技产品，具有很高的功能和附加值。装配机器人主要应用在汽车生产的装配线上，一方面使汽车装配自动化水平大大提高；另一方面有效地减轻了工人的劳动强度，提高了装配质量，并明显地提高了生产率。

图 4-18　装配机器人

4. 喷涂机器人

喷涂机器人（图 4-19）在汽车制造业中可喷涂形态复杂的汽车工件，生产效率高，多用于汽车车体的喷涂作业，如喷漆、喷釉等。

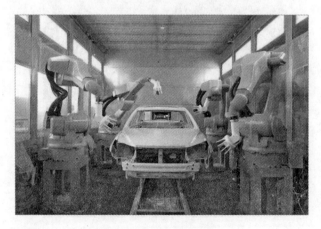

图 4-19　喷涂机器人

4.5　先进制造发展趋势

4.5.1　中国制造 2025

制造业是国民经济的主体，是立国之本、兴国之器、强国之基。18 世纪中叶开启工业文明以来，世界强国的兴衰史和中华民族的奋斗史一再证明，没有强大的制造业，就没有国家和民族的强盛。打造具有国际竞争力的制造业，是我国提升综合国力、保障国家安全、建设世界强国的必由之路，实现制造业由大变强的历史跨越。

"中国制造 2025"是我国实施制造强国战略第一个十年的行动纲领，以"互联网+"为核心，推进信息化与工业化深度融合，是推进"中国制造 2025"的主线。新一代信息化技术与工业化深度融合，正在引发影响深远的产业变革，在智能制造方面形成新的生产方式、产业形态、商业模式和经济增长点，如图4-20所示。实现制造强国的战略目标，必须坚持问题导向，统筹谋划，突出重点；必须凝聚全社会共识，加快制造业转型升级，全面提高发展质量和核心竞争力。

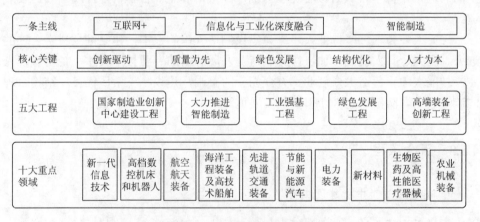

图 4-20　中国制造 2025 框架图

（1）提高国家制造业创新能力。完善以企业为主体、市场为导向、政产学研用相结合的制造业创新体系。加强关键核心技术研发，提高创新设计能力，推进科技成果产业化；完善国家制造业创新体系，加强标准体系建设，强化知识产权运用。

（2）推进信息化与工业化深度融合。加快推动新一代信息技术与制造技术融合发展，把智能制造作为两化深度融合的主攻方向。着力发展智能装备和智能产品，推进生产过程智能化，培育新型生产方式，全面提升企业研发、生产、管理和服务的智能化水平。

4.5.2　核心关键

（1）创新驱动。坚持把创新摆在制造业发展全局的核心位置，完善有利于创新的制度环境，推动跨领域跨行业协同创新，突破一批重点领域的关键共性技术，促进制造业数字化网络化智能化，走创新驱动的发展道路。

（2）质量为先。坚持把质量作为建设制造强国的生命线，强化企业质量主体责任，加强质量技术攻关、自主品牌培育。建设法规标准体系、质量监管体系、先进质量文化，营造诚信经营的市场环境，走以质取胜的发展道路。

（3）绿色发展。坚持把可持续发展作为建设制造强国的重要着力点，加强节能环保技术、工艺、装备的推广应用，全面推行清洁生产。发展循环经济，提高资源回收利用效率，构建绿色制造体系，走生态文明的发展道路。

（4）结构优化。坚持把结构调整作为建设制造强国的关键环节，大力发展先进制造业，改造提升传统产业，推动生产型制造向服务型制造转变。优化产业空间布局，培育一批具有核心竞争力的产业集群和企业群体，走提质增效的发展道路。

（5）人才为本。坚持把人才作为建设制造强国的根本，建立健全科学合理的选人、用人、育人机制，加快培养制造业发展急需的专业技术人才、经营管理人才、技能人才。营造大众创业、万众创新的氛围，建设一支素质优良、结构合理的制造业人才队伍，走人才引领的发展道路。

4.5.3　五大工程

1. 制造业创新中心建设工程

围绕重点行业转型升级和新一代信息技术、智能制造、增材制造、新材料、生物医药等领域创新发展的重大共性需求，形成一批制造业创新中心（工业技术研究基地），重点开展行业基础和共性关键技术研发、成果产业化、人才培训等工作。制定完善制造业创新中心遴选、考核、管理的标准和程序。

2. 智能制造工程

紧密围绕重点制造领域关键环节，开展新一代信息技术与制造装备融合的集成创新和工程应用。支持政产学研用联合攻关，开发智能产品和自主可控的智能装置并实现产业化。依托优势企业，紧扣关键工序智能化、关键岗位机器人替代、生产过程智能优化控制、供应链优化，建设重点领域智能工厂/数字化车间。在基础条件好、需求迫切的重点地区、行业和企业中，分类实施流程制造、离散制造、智能装备和产品、新业态新模式、智能化管理、智能化服务等试点示范及应用推广。建立智能制造标准体系和信息安全保障系统，搭建智能制造网络系统平台。

3. 工业强基工程

开展示范应用，建立奖励和风险补偿机制，支持核心基础零部件（元器件）、先进基础工艺、关键基础材料的首批次或跨领域应用。组织重点突破，针对重大工程和重点装备的关键技术和产品急需，支持优势企业开展政产学研用联合攻关，突破关键基础材料、核心基础零部件的工程化、产业化瓶颈。强化平台支撑，布局和组建一批四基研究中心，创建一批公共服务平台，完善重点产业技术基础体系。

4. 绿色制造工程

组织实施传统制造业能效提升、清洁生产、节水治污、循环利用等专项技术改造。开展重大节能环保、资源综合利用、再制造、低碳技术产业化示范。实施重点区域、流域、行业清洁生产水平提升计划，扎实推进大气、水、土壤污染源头防治专项。制定绿色产品、绿色工厂、绿色园区、绿色企业标准体系，开展绿色评价。

5. 高端装备创新工程

组织实施大型飞机、航空发动机及燃气轮机、民用航天、智能绿色列车、节能与新能源汽车、海洋工程装备及高技术船舶、智能电网成套装备、高档数控机床、核电装备、高端诊疗设备等一批创新和产业化专项、重大工程。开发一批标志性、带动性强的重点产品和重大装备，提升自主设计水平和系统集成能力，突破共性关键技术与工程化、产业化瓶颈，组织开展应用试点和示范，提高创新发展能力和国际竞争力，抢占竞争制高点。

4.5.4　十大重点领域

国家将引导社会各类资源集聚，大力推动新一代信息技术、高档数控机床和机器人、航天航空装备、海洋工程装备及高技术船舶、先进轨道交通装备、节能与新能源汽车、电力装备、新材料、生物医药及高性能医疗器械、农业机械装备十大重点领域突破发展。掌握一批重点领域的关键核心技术，进一步增强优势领域竞争力，提高产品质量。制造业数字化、网络化、智能化取得明显进展。

重点行业单位工业增加值能耗、物耗及污染物排放明显下降。加大科技创新力度，推动三维（3D）打印、移动互联网、云计算、大数据、生物工程、新能源、新材料等领域取得新突破。基于信息物理系统的智能装备、智能工厂等智能制造正在引领制造方式变革；网络众包、协同设计、大规模个性化定制、精准供应链管理、全生命周期管理、电子商务等正在重塑产业价值链体系；可穿戴智能产品、智能家电、智能汽车等智能终端产品不断拓展制造业新领域。我国制造业转型升级、创新发展迎来重大机遇。

第5章 工业过程自动化

5.1 化工过程自动化

自 20 世纪 40 年代以来，在工业生产领域，如化工、冶金、火力发电、智能建筑、生物及制药等典型工业生产过程，自动化技术得到了日益广泛的应用，为人类社会进步做出了不可磨灭的贡献。该领域的生产过程的自动化主要针对工业生产装置典型的温度、压力、流量、液位、成分等连续变量进行在线检测与控制，确保装置安全高效运行。下面分别以化工过程、冶金过程、火力发电、智能建筑等方面介绍现代工业过程自动化的发展现状和前景。

回顾过去的一百年里，化工行业经历了孕育、诞生和发展，形成了今天现代化程度相对完善的系统，其每年提供一亿吨，一百万种合成产品，为人类衣食住行提供了极为丰富的物质基础，为世界的繁荣昌盛做出了巨大贡献。化学工业即应用化学、物理及生物等自然科学的原理和各种相关工程的科技，融合经济和劳动力，把相关资源转变为对人类更为有效的价廉物美产品的重要产业部门。

当今国际社会公认的三大文明支柱是材料、能源和信息技术。这三大技术都与化学工业有密不可分的关系，其中每一项新科学技术的发现都离不开化学。因此，化学工业已成为一个国家或地区工业现代化水平的标志。化学工业自动化的发展，使我们能够更清楚地看到化工自动化从孕育到发展，从初级到高级的发展历程。但化学工业要适应化工生产过程自动化的发展，不仅要对控制理论在化工生产中的应用进一步研究，还要对化学工业控制对象的生产过程本身的特性和规律进行研究，如图 5-1 中石化典型化工厂生产装置。化工自动化是生产过程自动化在化工、炼油等化工类型中自动化的简称，亦即在化工设备上配置一些自动化仪表与控制装置，替代化工操作人员手工操作，使某些化工参数能准确地按照预期需要规律变化，这种通过自动化技术来管理化工生产过程的方法称为化工自动化。实现化工生产过程自动化，对发展化工生产有十分重要的意义。

5.1.1 生产过程自动化

由于生产不同于物理过程，是生产新产品创造新价值的非常复杂的生产过程。在生产过程中，各个生产装置通过管道相互连接，从而实现物料和能量的传输，物料在各装置中进行化学反应及其物理过程，最后生产出符合工艺设计要求的化工产品。

在化工生产过程中，化工单元的种类很多，工作方式和工艺目标也各不相同，但是对其控制方案的设计原则却是大同小异。化工生产过程控制的终极目标是在确保工艺质量指标、满足物料、能量平衡和符合安全准则的条件下，提高生产效率，获得最大收益。图 5-1 为中石化典型化工厂生产装置。

图 5-1　中石化典型化工厂生产装置

化工生产过程自动化控制一般包括化学反应过程控制、精馏过程控制和传热设备过程控制、流体输送过程控制。对于简单控制系统，一般采用 PID 控制。对于复杂控制系统，一般采用的控制方案有串级控制、均匀控制、前馈控制、比值控制和分程控制等，最常用的为串级控制和前馈控制。

5.1.2　简单控制系统

以经典控制理论为基础的单输入、单输出简单系统是单回路反馈控制系统的一般形式，其结构简单且应用广泛，可解决生产过程中大部分的过程控制问题。如图 5-2 所示，是一个简单的反馈控制系统，通过产品出料成分来控制物料 B 的进料量。

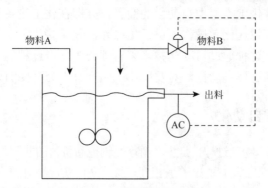

图 5-2　单回路反馈控制系统示意图

工业生产过程中，对于生产装置的温度、压力、流量、液位等工艺变量常常要求维持在一定的数值上，或按一定的规律变化，以满足生产工艺的要求。PID控制器是根据负反馈原理按照对整个控制系统进行偏差调节，从而使被控变量的实际值与工艺要求的预定值一致。不同的控制规律适用于不同的生产过程，必须合理选择相应的控制规律。

PID 控制器最常用的控制策略是比例-积分-微分控制规律，既有比例作用的及时迅速，又有积分作用的消除余差能力，还有微分作用的超前控制功能。当偏差阶跃出现时，微分立即大幅度动作，抑制偏差的这种跃变；比例也同时起消除偏差的作用，使偏差幅度减小，由于比例作用是持久和起主要作用的控制规律，可使系统比较稳定；而积分作用慢慢把余差克服掉。只要三个作用的控制参数选择得当，便可充分发挥三种控制规律的优点，获取理想的控制效果。

5.1.3　复杂控制系统

1. 串级控制系统

当生产过程中被控对象的容量滞后较大，干扰变化比较剧烈或者工艺对产品质量提出的要求很高时，单回路控制系统难以达到控制效果，这时需采用串级控制系统。该系统具有主环和副环两个环路，主环的输出作为副环的给定，再由副环控制执行机构。其中副环主要对扰动进行粗调，主环对扰动进行细调。串级控制系统可完成单回路控制系统的全部功能，易于实现且控制效果好，在生产过程中应用较为普遍。

串级控制系统具有以下的结构特点。

（1）由两个或两个以上的控制器串联连接，一个控制器输出是另一个控制器的设定。

（2）由两个或两个以上的控制器、多个检测变送器和一个执行器组成。

（3）主控制回路是定值控制系统，副控制回路对主控制器输出而言，是随动控制系统；对进入副回路的扰动而言，是定值控制系统。

串级控制系统在工业上的设计准则如下所示。

（1）设计时要使主要扰动和尽可能多的扰动进入副环中。

（2）要合理选择副对象和检测变送环节的特性，使副环近似为 1:1 比例环节。

（3）根据副环频率特性，控制器参数不合适会出现共振现象。为了防止出现共振现象，需要对控制器参数进行合适的调节。

如图 5-3 和图 5-4 所示，是一个加热炉温度串级控制系统示意图及结构框图，其中温度控制器是主控制器。

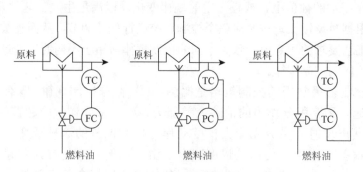

图 5-3　加热炉温度串级控制系统示意图

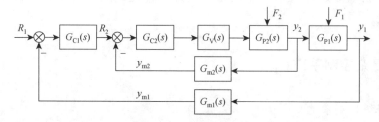

图 5-4　加热炉温度串级控制系统结构框图

2. 比值控制系统

在化工、炼油及其他工业生产过程中，为了保证产品质量的稳定，工艺上常需要保持两种或两种以上物料的一定比例关系，这种可以实现两个及两个以上工艺参数满足一定比例关系的控制系统称为比值控制系统。

在比值控制系统中，一个物流的流量跟随另一个物流的流量变化，前者是从动量，后者是主动量。通常情况下，由于从动量跟踪主动量的物料变化，所以从动量选择可测量可控制的变量，且供应有余，而主动量应选择主要物料或者关键的物料变量，且可测量是不可控制的。另外，如果一个过程变量供应不足时会造成工程不安全，则应选择该过程变量为主动量。如图 5-5 所示，是一个双闭环变比值控制系统，蒸汽是主动量，天然气和空气是从动量。

3. 均匀控制系统

对于连续生产过程，经常是多个设备串联生产，前一设备的出料作为后一设备的进料，前一设备出料的不稳定定然会对后续生产造成影响。为了解决这一类控制问题，需从整个生产过程的全局来考虑，使前后设备在物料供应上相互均匀、协调，均匀控制系统即为解决这一问题而设计。

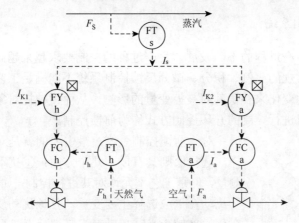

图 5-5　比值控制系统

均匀控制系统具有如下几个特点：用一个控制器使得两个被控变量都能得到控制；均匀控制是通过控制器参数合理整定来实现的。整定的原则是比例度较大些，积分时间较长些。均匀控制的控制指标是实现流量平稳或缓慢变化，即使在最大扰动下液位仍在工艺操作允许的范围内波动。

如图 5-6 所示，是一个串级均匀控制系统，前塔和后塔压力波动较大，引入了流量副回路，组成串级均匀控制。

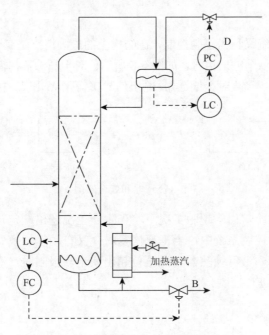

图 5-6　精馏塔串级均匀控制系统

4. 前馈控制系统

随着工业生产过程的不断发展，生产过程的控制要求越来越高。但对于精馏等复杂过程，常规的比例、积分、微分反馈控制系统不能满足工艺要求，此时需要按照干扰量的变化来补偿其对被控变量的影响，从而使被控对象不受干扰的影响。这种按干扰进行控制的开环控制方式称为前馈控制。

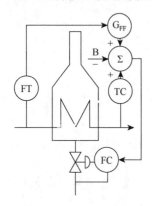

图 5-7　加热炉温度前馈
负反馈控制系统

对于前馈控制系统，最主要的就是对扰动变量的选择，选择原则具有以下几个方面：①扰动变量必须要可测量，但是工艺不允许对其进行控制，如精馏塔的进料；②扰动变量应选择主要变量，且该扰动变化需频繁，且变化幅度较大；③扰动变量需选择对控制变量影响大的变量，且用常规的反馈控制很难对其实现控制要求；④有时候虽然扰动变量可控，但工艺需要经常改变其数值，也可以选择这样的扰动进行前馈控制。

如图 5-7 所示，是一个加热炉流量前馈+温度串级反馈控制系统，主物料进料流率扰动量作为前馈补偿信号，并与主物料出口温度串级控制共同作用，使系统在多扰动下保持出口物料温度恒定。

5. 选择控制系统

选择性控制系统又称为超驰控制，在结构上的最大特点是有一个选择器。通常是两个输入信号，一个输出信号，如图 5-8 所示。对于高选器，输出信号 Y 等于 X_1 和 X_2 中数值较大的一个。对于低选器，输出信号 Y 等于 X_1 和 X_2 中数值较小的一个。

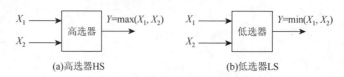

(a)高选器HS　　　　　　　　　　　　(b)低选器LS

图 5-8 高选器和低选器图

选择性控制系统常用于超驰工况下，当生产工况超出一定范围时，工况自动切换到另一种紧急控制系统中，当工况恢复时，又自动地切换到原来的控制系统中。如图 5-9 所示，液氨换热器，当液位超出安全软极限时，液位控制器 LC 取代温度控制器 TC 进行控制。

6. 分程控制系统

一个控制器的输出可以控制两个或两个以上的执行器，且各执行器工作范围不同的控制系统称为分程控制。适用场合介绍如下。

（1）不同工况需要不同的控制手段。例如 PH 酸碱滴定控制中，正常工况用小阀滴定进行控制，不正常工况用大阀进行控制。放热反应器温度控制中，如图 5-10 所示，反应初期控制器需控制热水阀给反应器加热，随着放热反应的进行，控制器需驱动冷水阀给反应器移走热量。

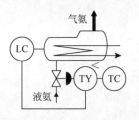

图 5-9　液氨选择控制系统

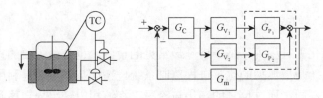

图 5-10　夹套反应器分程控制系统

（2）扩大可调比。国产阀门可调比 $R=30$，通过大阀和小阀协作使用，可大大扩大可调比。小阀 CBMAX=4，则 CBMIN=4/30=0.133，大阀 CAMAX=100，则 CAMIN=100/30=3.33，两阀合用，CMIN=0.133，CMAX=104，可调比=104/0.133=780。

5.1.4　典型化工过程装备控制

1. 化学反应器温度控制

工业上最常见的是进行放热化学反应的化学反应器，化学反应器的质量指标一般指反应的转化率或反应生成物的规定浓度。温度反应的速率和最终产物的浓度有至关重要的影响。通常我们选择控制温度来控制反应质量。图 5-11 和图 5-12分别是两种化学反应器的温度自动控制图和温度自动控制原理框图。

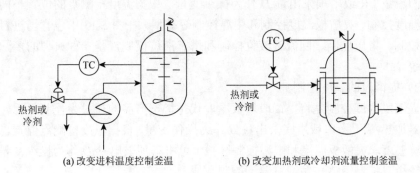

(a) 改变进料温度控制釜温　　　　　　　(b) 改变加热剂或冷却剂流量控制釜温

图 5-11　釜式反应器的温度自动控制

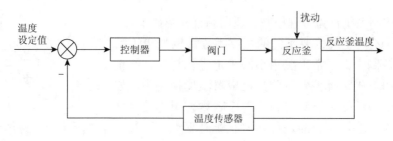

图 5-12　釜式反应器的温度自动控制原理框图

2. 精馏过程的控制

在炼油和化工过程中，精馏塔是最常见的设备，也是最主要的设备之一，精馏塔的控制系统是最典型的化工过程控制系统。精馏基本原理是利用混合物中各组分挥发度的不同，通过反复的汽化与冷凝，将液相中轻组分转移到汽相中，而将汽相中重组分转移到液相中，实现分离目的。

精馏塔包括精馏塔、再沸器、冷凝器等，精馏塔又可分为提馏段和精馏段。精馏塔控制目标是两端的产品质量，即塔顶产品摩尔组分含量 x_D 和塔釜产品摩尔组分含量 x_B。因用于直接检测产品成分的成分分析仪表价格昂贵、维护保养复杂、采样周期较长、反应缓慢、滞后大、可靠性差等因素，产品质量闭环控制在实际工业很少采用。绝大多数精馏塔的控制都采用质量开环控制或温度间接指标控制。因对于二元组分精馏塔在塔压恒定条件下，塔板组分与温度呈线性关系，对于多元组分，在塔压恒定条件下，塔板温度与成分之间也存在一定对应关系。因此温度间接质量闭环控制在实际工业应用中被广泛采用。下面分别以精馏段的温度控制和提馏段温度闭环控制为例，进行简要说明。

1）精馏段的温度控制

精馏段温度控制是将精馏段塔板温度代替精馏段产品的质量作为控制目标，选择回流量 LR 或塔顶采出量 D 作为操纵变量，根据温度检测点的位置不同，有塔顶温度控制、灵敏板温度控制和中温控制等类型。在图 5-13 中包含了进料流量定值控制、塔压控制、回流罐液位控制和塔釜液位控制，是一种典型的多回路控制系统。

2）提馏段的温度控制

提馏段温度控制是将提馏段塔板温度代替塔釜产品的质量为控制目标，选择再沸器加热蒸汽量 V_s 或塔底采出量 B 作为操作变量，根据温度检测点位置也可分为塔釜温度、灵敏板温度和中温控制等。也可将塔顶采出量 D 作为操纵变量，但应用较少。控制策略与精馏段温度控制类似。

在精馏操作中，质量指标、产品回收率和能量消耗均是要控制的目标。其中质量指标是必要条件，在质量指标一定的前提下，应在控制过程中使产品产量尽量高一些，同时能量消耗尽可能低一些。

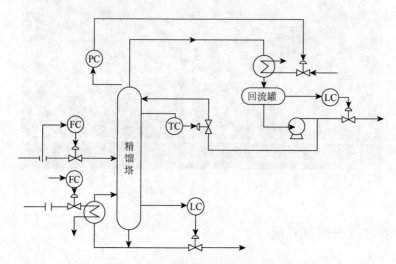

图 5-13　精馏段温控的控制方案示意图

5.2　冶金过程自动化

我国是钢铁大国，钢铁产量目前已超过发达国家成长期，钢铁行业的发展在国民经济中占据重要地位。但是，我国钢铁行业生产规模分散，产业集中度低，炼钢技术有待提高，生产效率较低。因此，钢铁行业的改革迫在眉睫，冶金过程自动化技术需求更为迫切。

5.2.1　冶金自动化系统

在工业自动化方面，高炉过程自动化是一个跨世纪的技术难题。20 世纪下半叶，在世界冶金工业自动化进程中，人们陆续实现轧钢过程、炼钢过程、炼铸过程以及其他工序的自功化控制。近年来，伴随着我国冶金工业的迅猛发展，我国冶金工业在自动化、信息化方面取得了巨大进步。冶金自动化技术在自动化技术的推动和冶金行业技术需求的拉动双重机制作用下，必将取得更大进展。典型的冶金自动化系统按功能可分为过程控制系统、生产管理控制系统、企业信息化系统三个方面。图 5-14 为高炉炼铁工艺流程简图。

图 5-14　高炉炼铁工艺流程简图

5.2.2　冶金过程控制系统

1. 过程参数检测

采用新型传感器技术、光机电一体化技术、软测量技术、数据融合和数据处理技术、冶金环境下可靠性技术，以关键工艺参数闭环控制、物流跟踪、能源平衡控制、环境排放实时控制和产品质量全面过程控制为目标，实现参数检测与诊断，生产废气和烟尘的在线实时监测等。

2. 传统控制

在基础控制方面，以计算机数字控制、单片机控制、可编程控制以及分散控制系统为代表的计算机控制取代了常规智能仪表控制和手动控制，已在冶金企业全面普及。近年发展起来的现场总线、工业以太网、MES 集成系统等技术逐步在冶金自动化系统中应用，分布控制系统结构替代集中控制成为主流。在控制算法上，传统的 PID 控制算法、计算机程序控制、启停自动控制仍然被广泛采用，实现了冶金过程基础自动化控制。

3. 先进控制

有关冶金过程关键变量的高性能闭环控制，基于机理模型统计分析、智能控制、预测控制、自适应控制等应用技术，以过程稳定、提高技术经济指标为目标，在上述关键工艺参数在线连续检测基础上，建立综合模型，采用自适应智能控制方法，实现了冶金过程关键变量的高性能闭环控制。

4. 过程建模和集成优化

由于冶金过程的复杂性，过程建模和集成优化适应性很差。近年来，把工艺机理、过程模型、专家学习和智能技术结合起来，在炼铁、炼钢、连铸、轧钢等典型工位的过程模型和过程优化方面取得了一定的成果，如高炉炼铁过程优化与智能控制系统、电炉供电曲线优化、智能钢包精炼炉控制、轧机智能过程参数设定等，在如何保证其长期稳定运行并推广普及方面还需进一步做工作。

5.3　火力发电自动化

5.3.1　火力发电概况

电力已经成为与我们的生活息息相关的二次能源，它对国民经济的发展以及我们的日常生活有着重大的影响。随着计算机网络技术、电子技术和信息技术的日新月异，我国国内电力行业高参数、大容量（300MW）及以上的大型火电机组已经成为主力机组，厂级管理信息系统、监控信息系统和集散控制系统等辅助控制系统的广泛应用使得火力发电厂逐渐步入了信息化和网络化的时代。

发电的方式很多，图 5-15 给出了四种经典的发电方式图。尽管发电的方式丰富多彩，但是对于不同形式的电力系统，都有着同样的要求，即安全、经济和供电质量高。电力自动化就是电厂发电中必不可少的一部分。

火电厂是利用化石燃料燃烧释放出来的热能发电的。根据动力设备的类型，电厂分为蒸汽动力发电厂、燃气轮机发电厂和内燃机发电厂，其中蒸汽动力发电厂提供的电能约占火电厂提供电能的 95%，通常所谓火电厂一般均指蒸汽动力发电厂。

(a) 水力发电

(b) 火力发电

(c) 太阳能发电　　　　　　　　　　　　　　(d) 风能发电

图 5-15　各种发电方式图

　　火力发电厂由热控自动化和电气自动化两大部分组成，多年来热控自动化得到了迅猛发展，与热控自动化相比，电气自动化就显得极不协调，虽然电气的继电保护、励磁调节、自动控制等装置实现了计算机化，但电气的过程监控仍处于常规仪表、光字牌、连锁开关、一对一的硬手操水平，监控水平没有得到真正提高。为了使机组机、炉、电的控制水平协调一致，便于集中监控管理，将电气控制系统纳入 DCS 系统已是势在必行。图 5-16 为火电厂生产工艺流程图。

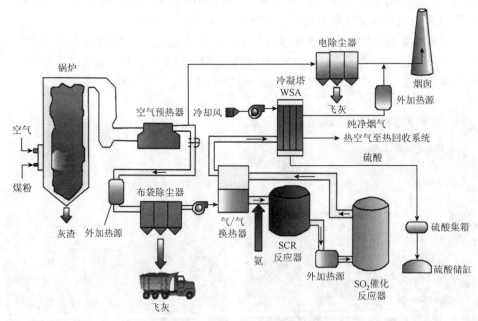

图 5-16　火电厂生产工艺流程图

5.3.2　火力发电控制系统

火力发电厂，大部分采用煤炭作为能源原料，首先处理过的煤粉通过皮带自动传送到锅炉，煤粉燃烧加热锅炉，锅炉中的水汽化为水蒸气，水蒸气经过一次加热之后，进入高压缸，水蒸气进行二次加热，进入中压缸；然后利用中压缸的蒸汽带动汽轮发电机运行发电。火力发电厂生产过程系统主要包括汽水系统、燃烧系统和电气系统，下面简单介绍如下。

1. 汽水系统

火力发电厂的汽水系统分别由汽轮机、锅炉、凝汽器、高压加热器、低压加热器、凝结水泵和给水泵等组成，如图 5-17 所示，包括汽水循环、化学水处理和冷却系统。生水通过化学水处理设备软化后，通过除氧器除氧，由给水泵输送到高压加热器、省煤器预热，进入锅炉，水在锅炉中被加热汽化成水蒸气，经过一级加热器进一步加热后变成过热的蒸汽，通过主蒸汽管道进入汽轮机，高速流动的水蒸气推动汽轮机的叶片旋转带动发电机。从中压缸引出的剩余水蒸气进入对称的低压缸，一部分从中间段抽出供给炼油、化肥等周边企业，其余部分流经凝汽器水冷，冷凝为 40℃ 左右的饱和水，经过凝结水泵，再经过低压加热器加热到 160℃ 左右再到除氧器，经过除氧器除氧，利用给水泵送入高压加热器中，其中高压加热器利用再加热蒸汽作为加热燃料，最后流入锅炉进行再次利用。

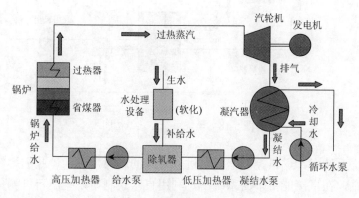

图 5-17　汽水系统工艺结构图

由于汽轮机与锅炉对于机组的负荷与压力具有完全不同的控制特性，汽轮机以控制调门开度实现对压力、负荷的调节，具有很快的调节特性，而锅炉利用燃料的燃烧产生的热量使给水流量变为蒸汽，其控制燃料的过程取决于磨煤机、给煤机、风机的运行，对压力、负荷的调节具有很慢的调节特性。因此协调控系统就是要以优良的控制策略实现对锅炉-汽轮机的统一控制。以达到锅炉-汽轮机组对负荷响应的快速性和对压力控制的稳定性。调控系统的设计包含了两种协调控制方式：一种是以炉跟机为基础的协调控制系统，这种协调控制方式是建立在锅炉控制压力、汽机控制功率的基础上，具有负荷响应快的优点；另一种是以机跟炉机为基础的协调控制系统，这种协调控制方式是建立在汽机控制压力、锅炉控制功率的基础上的。

2. 燃烧系统

燃烧系统是由输煤皮带、磨煤机、锅炉、除尘器、脱硫装置等组成，如图 5-18 所示是由皮带输送机从煤场输送进入磨煤机进行磨粉，磨好的煤粉通过空气预热器来的热风，将煤粉打入喷燃器送到锅炉进行燃烧。而烟气经过电除尘器，脱出粉尘后将烟气送至脱硫装置，烟气经过引风机送到烟筒排向大气。

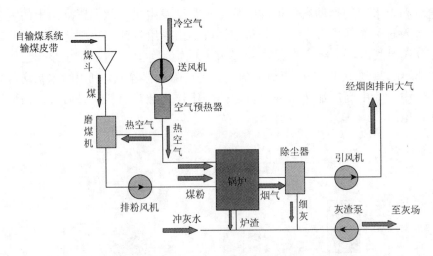

图 5-18　燃烧系统工艺结构图

在燃烧系统中，燃料控制器控制进入炉膛的燃料，进入炉膛的燃料具有燃油量和燃煤量，在直接能量平衡系统中，利用直吹式制粉系统燃料可测量的特点，直接控制燃料量，可最大限度地克服燃料侧的扰动，这较好地补偿了直吹式制粉系统燃料延迟大、不利于控制的弱点，较好地克服了燃料扰动对机组压力、负荷的影响。

送风控制系统主要控制炉膛氧量，保证锅炉的稳定经济燃烧。送风控制系统控制的是进入炉膛的总风量，包括一次风量和二次风量。系统的设计思想是在稳定氧量的前提下，尽量减少送风系统的不必要动作，在采用负荷指令作为送风控制系统的指令，氧量作为修正的前提下，同时考虑风煤指令的交叉联锁，变负荷工况下风量优先的原则。为协调送引风的关系保证炉膛负压，控制系统设计中考虑了炉膛负压高低对送风系统的方向闭锁，炉膛压力高时闭锁送风机开，炉膛压力低时闭锁送风机关。

3. 发电系统

发电系统是由励磁装置、发电机、变压器、配电装置等组成，如图 5-19 所示。发电是由副励磁机发出高频电流，经过励磁盘整流，送到主励磁机发出电后经过调压器送到发电机转子，当发电机转子通过定子线圈感应出电流时，电流通过发电机出线分两路：一路送至厂用电变压器，另一路则送到主变压器，通过升压变电所送至电网。

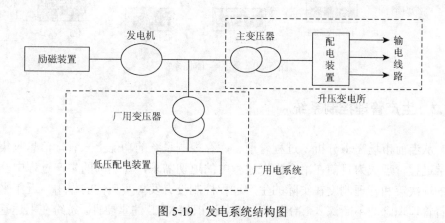

图 5-19　发电系统结构图

5.4　管控一体化技术

5.4.1　管控一体化应用技术

管控一体化是以生产过程控制系统为基础，通过对企业生产管理、过程控制等信息的处理、分析、优化、整合、存储、发布，运用现代化企业生产管理模式建立覆盖企业生产管理与基础自动化的综合系统。简言之即为使企业生产控制系统和经营管理系统有机结合，从而做到从生产经营的角度去操控企业的生产。

实时数据的及时传输可以提高数据的监控能力和专家的分析协调能力，从而使企业提高生产效率，获得利益最大化。图 5-20 为管控一体化系统的示例图，形象地描述了管控一体化的本质。

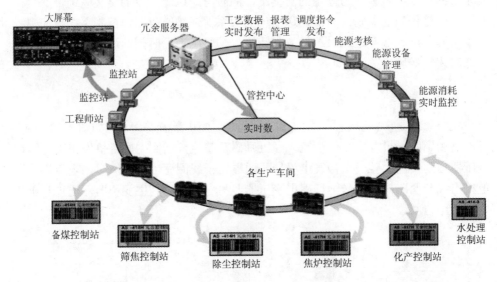

图 5-20　管控一体化系统

5.4.2　生产管理控制系统

从当前市场需求分析、过程管理、库存控制系统的功能上来看，信息收集与日常过程管理成为目前在冶金生产过程中的迫切需求，在实际的生产过程中开展的各项决策和管理制度在实际的生产过程控制没有发挥实质性的作用。近年来，随着管理理念的不断深入，冶金行业逐渐认识到 MES 的重要性，纷纷在上述基础过程控制基础上，大力推行 MES 系统，实现铁-钢-轧横向数据集成和相互传递，实现管理-计划-生产-控制纵向信息集成。

采用计算机仿真技术、多媒体技术和计算力学技术，基于各种冶金模型，进行流程离线仿真和在线集成模拟，从而实现生产组织优化、生产流程优化、新生产流程设计和新产品开发，实现以科学为基础的冶金过程装备的设计和制造。

整合生产实时数据和关系数据库为大数据样本分析库，提供生产管理控制的决策支持。综合应用大数据样本统计学分析、专家系统和流程仿真等技术，协调生产线各工序作业，在全线物流跟踪、质量跟踪控制、成本在线控制、能量监控、设备维护、库存管理等方面取得了初步成果。

在生产组织管理方面，基于生产计划、市场需求分析，采用数据挖掘技术、生产网络优化技术、事例推理、专家知识，提供快速调整作业计划的手段和能力，以提高生产组织的柔性和敏捷化程度。根据各工序参数，计算各工序的生产顺序计划及各工序的生产时间和等待时间，实现生产计划的全线跟踪与控制，根据现场要求和专家知识，进行灵活的调整；在异常情况下，如需要重组调度技术以及在多种工艺路线情况下，可进一步采用人机协同动态生产调度。

在质量管理方面，基于数据挖掘、统计计算分析技术，对产品质量进行分析、跟踪和预报；根据生产过程数据和实际数据，进行生产质量安全监控，并对在生产中发生的品质异常进行实时报故障诊断。

在设备管理方面，采用过程生产设备的在线过程监控与预报技术，建立设备故障、寿命预报模型，实现过程装备的定期维护与管理。

在成本控制方面，采用大数据样本挖掘与预报技术，建立动态成本模型预测生产成本；采用动态跟踪控制技术，通过优化原材料的配比、降低能源供应、动态核算成本，以降低生产成本。

随着企业管理水平的不断提高，"信息化带动工业化"在冶金企业达成共识，因此企业资源计划、供应链管理系统、客户关系管理、企业流程重组等信息化管理系统已经在冶金企业逐步推广。在企业信息系统编码体系标准化、企业异构数据/信息集成基础上，进一步实现协作制造企业信息集成，全行业信息网络建设及宏观调控信息系统乃至全球行业信息网络建设及宏观调控信息系统。信息化的目的是实现信息共享，在有效竞争下趋利避害，然而企业信息化不是一蹴而就的，必须要对其本质意义做到深刻理解，并且要方方面面都能深入贯彻到，这样才能取得双赢的结果。

企业信息管控一体化技术，通过实时性能管理协调供产销流程，实现从订货合同到生产计划、制造作业指令、产品入库、出厂发运的信息化。其中将生产与销售连成一个整体，计划调度和生产控制进行有机衔接。从产品质量设计到进入生产制造，质量控制跟踪全生产周期，成本管理在线覆盖生产流程，资金控制实时贯穿全部业务活动。

知识管理和商业智能。利用企业信息化积累的海量数据和信息，按照各种不同类型的决策主题分别构造大数据样本库，通过云计算在线分析和数据挖掘，实现有关市场、成本、生产、质量等方面数据化、信息化、知识化的递阶演化，并将企业多年生产管理经验和集体智慧进行具体化、形式化、知识化，为企业的长期健康持续发展，以及在生产、技术、经营管理各方面的技术与管理创新，奠定了基础。

5.4.3　管控一体化的发展方向

企业管控一体化在当今社会的应用已经越来越趋向于白热化状态了，成为社会发展过程中必不可少的一项。当然，管控一体化也有不足的地方，例如，整个管控一体化系统还存在欠缺，系统的全部电子化才能更加节省企业的生产成本，这便需要技术的进一步提高。因此，管控一体化要朝着以下方向创新发展。

(1) 抓好行业工业自动化。

(2) 加速建设现代化企业管理信息系统。

(3) 加强网络建设，抓好"企业上网"工程。

(4) 扎扎实实抓好电子商务。

5.5　　"工业 4.0" 与智慧工厂

5.5.1　　"工业 4.0" 起源

"工业 4.0"战略由德国政府在 2013 年 4 月的汉诺威工业博览会上正式推出，其目的是提高德国工业的竞争力，在新一轮工业革命中占领先机。该战略已经得到德国科研机构和产业界的广泛认同，弗劳恩霍夫协会将在其下属 6～7 个生产领域的研究所引入"工业 4.0"概念。

图 5-21 为工业革命的发展历程。蒸汽机的发明标志着人类进入"蒸汽时代"，实现机械自动化。伴随着基于劳动分工的电力驱动大规模生产的出现，人类进入了大批量生产的"电气时代"。而随着电子技术、工业机器人以及 IT 技术的大规

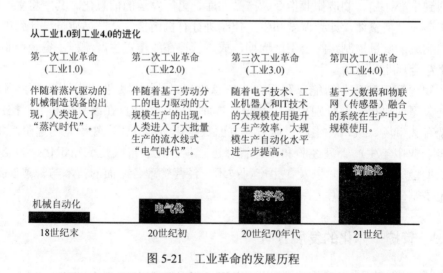

图 5-21　工业革命的发展历程

模使用，极大提升了生产效率，大规模生产自动化水平进一步提高。最后，基于
大数据和物联网融合的系统在生产中大规模使用促成了"工业 4.0"的诞生。

　　"工业 4.0"最初的想法只是通过物联网等媒介来提高德国制造业水平。两年
后的汉诺威工业博览会上，由"产官学"组成的德国"工业 4.0"工作组发表了题
为《德国工业 4.0 战略计划实施建议》，称物联网和制造业服务化宣告着第四次工
业革命到来，如图 5-22 所示。

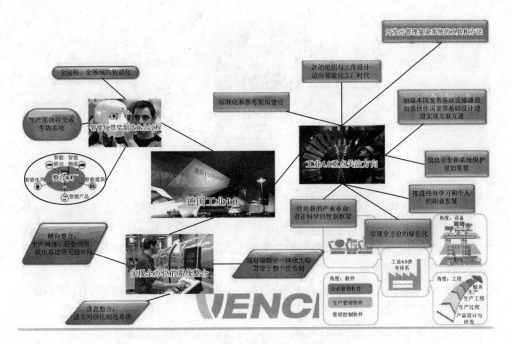

图 5-22　德国"工业 4.0"战略示意图

5.5.2　"工业 4.0"的两大主题

　　"工业 4.0"概念包含了由集中式控制向分散式增强型控制的基本模式转变，
目标是建立一个高度灵活的个性化和数字化的产品与服务的生产模式。在这种模
式中，传统的行业界限将消失，并会产生各种新的活动领域和合作形式。创造新
价值的过程正在发生改变，产业链分工将被重组。

　　"工业 4.0"项目主要分为两大主题：一是"智能工厂"，重点研究智能化生
产系统及过程，以及网络化分布式生产设施的实现，如图 5-23 所示。在整个生
产过程中通过物联网和 GPS 服务互联网将整个生产周期与智能产品、智能电网、
智能移动、智能物流及智能建筑紧密结合，形成智能化生产系统。二是"智能

生产"，主要涉及整个企业的生产物流管理、人机互动以及 3D 技术在工业生产过程中的应用等。该计划将特别注重吸引中小企业参与，力图使中小企业成为新一代智能化生产技术的使用者和受益者，同时也成为先进工业生产技术的创造者和供应者。

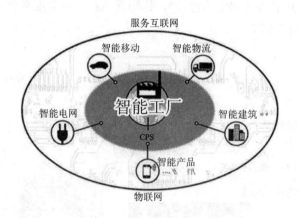

图 5-23　智能工厂示意图

若"工业 4.0"得以成功实现，需要在以下 8 个关键领域采取行动。

（1）标准化和参考架构："工业 4.0"会涉及联网，需要在一个共同的参考架构下描述和研发共同标准，促进其实现。由此，需要一个参考架构来描述这些标准，并促进它们的实现。

（2）复杂系统的管理：生产和制造系统正日益变得复杂，适当的计划和解释性模型能为管理这些复杂的系统打下基础。

（3）一套综合的工业宽带基础设施：高质量的综合通信网络是"工业 4.0"的关键要求。无论是在德国国内，还是在德国与其他伙伴国之间，宽带网络基础设施也因此需要进一步大规模拓展。

（4）安全和安保：安全和安保对智能制造系统的成功至关重要。确保生产设施和产品本身对人或者环境不造成任何危险。同时，生产设施和产品及其所包含的数据和信息，都需要加以保护，防止被滥用和未经授权的访问。

（5）工作的组织和设计：在智能工厂，雇员的角色将发生引人注目的改变。越来越多的实时导向的控制，将改变工作内容、工作流程和工作环境。

（6）培训和持续的职业发展："工业 4.0"将从根本上改变人们的工作和专业能力。实施适当的培训策略，并以培养学习的方式组织工作。可借此实现终身学习和基于工作地点的个人发展，因此变得尤为必要。

（7）监管框架：在"工业 4.0"下建立新的制造流程和横向业务网络架构时，必须遵守法律。面临的挑战包括保护企业数据、责任问题、处理个人数据和贸易限制。这时制度将作为一个涵盖面广泛的适用工具而存在，其内容包括指导方针、合同范本和公司集体协议，或者自我监管的制度或举措。

（8）资源效率：制造业在原材料和能源上的大量消耗给环境和安全供应带来诸多风险。"工业 4.0"将带来资源生产力和效率的提高。对企业来说，权衡"需要投资在智能工厂中的额外资源"与"带来的潜在节约"之间的利弊非常必要。

5.5.3　智慧工厂的概念

智慧工厂是现代工厂信息化发展的新阶段，是在数字化工厂的基础上，利用物联网技术、远程监控技术加强信息化管理和服务，通过正确地采集生产线数据，以及合理的生产计划编排与生产进度的顺利执行，从而掌握产销流程，提高生产过程的可控性，减少生产线上人工干预。

智慧工厂以产品全生命周期的相关数据为基础，在大功率计算机的虚拟环境中进行高强度的模拟计算，对整个生产过程进行仿真、评估和优化，并进一步扩展到整个产品生命周期的新型生产组织方式。智慧工厂可以解决产品设计和产品制造之间的"鸿沟"，实现产品生命周期中的设计、制造、装配、物流等各个方面的功能，降低从工业设计到生产制造之间的不确定性，在虚拟环境下将生产制造过程压缩和提前，通过模拟评估与检验设计的合理性，缩短产品设计到生产的转化的时间，并且提高产品的可靠性与成功率。

5.5.4　智慧工厂的架构

智慧工厂是分别以设计、制造、管理为中心的数字制造，并考虑了原材料、能源供应、产品销售的销售供应链，提出用工程技术、生产制造、供应链这三个维度来描述工业生产的全部活动。通过建立描述这三个维度的信息模型，利用相关软件完整表达围绕产品设计、技术支持、生产制造以及原材料供应、产品销售相关的所有环节的活动，且这些表达能够得到实时数据的支持，还能够实时下达指令指导这些活动，实现工业生产过程全流程的集成优化，能在三个维度之间交互，则称为数字化工厂或智慧工厂。

物联网和服务网是智慧工厂的信息技术基础。在典型的工厂控制系统和管理系统的基础上，充分利用正在迅速发展的物联网技术、服务互联网技术，服务互联网紧紧与生产计划、物流、能源和经营相关的企业资源计划、供应链管理系统、客户关系管理等，以及和产品设计、技术相关的产品生命周期管理（product lifecycle management，PLM）软件层相连。与制造生产设备和生产线控制、调度、排产等相关的过程控制系统（process control system，PCS）、制造企业生产过程执行系统（manufacturing excution system，MES）功能通过 CPS 物理信息系统，实现与工业物联网的紧紧相连，如图 5-24 所示。从制成品的形成以及产品生命周期服务的维度，还需与智能物料供应以及智能产品的售后服务环节，进行实时互联互通的信息交换，需要充分利用服务网和物联网的功能，实现智慧原材料供应和智慧产品售后服务。

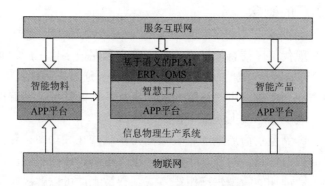

图 5-24　智慧工厂架构示意图

1. 无线感测器

无线感测器将是未来实现智慧工厂的重要部分。智慧感测是基本构成要素，但如果要让仪器仪表智慧化，主要是以微处理器和智慧技术的发展与工程应用为主，使仪器仪表实现高速、高效、多功能、高机动灵活等性能。如专家控制系统是一种具有专业知识库与操作经验的推理系统。它运用人工智慧技术和计算机编程技术，根据某领域一个或多个专家提供的专业知识和工程经验，进行推理和判断，模拟人类专家的决策过程，解决那些需要人类专家才能解决好的复杂问题。如模块控制器，也称模块逻辑控制器，也是智慧工厂常采用的相关技术，由于模块控制技术具有处理不确定性、不精确性和模块资讯的能力，可以对复杂的被控对象进行有效的控制，解决一些用常规控制方法不能解决的问题，目前模块控制在工业控制领域得到了广泛的应用。

2. 控制系统网络化

在工业自动化领域，随着工厂控制系统网络化应用和服务向云端运算转移，并随着嵌入式产品和许多工业自动化领域的典型 IT 元件，逐步实现制造执行系统以及生产计划系统的智慧化，生产设备将不再是过去单一而独立的个体，将孤立的嵌入式设备接入工厂制造流程，甚至是云端，必定会对工厂制造流程产生重大的影响。

包括体系结构、控制方法以及人机协作方法等，都会因为控制系统网络化，而产生变化，如控制与通信的耦合、时间延迟、资讯调度方法、分散式控制方式与故障诊断等，都使得自动控制理论在网络环境下的控制方法和演算法，需要不断地创新。由于影像、语音信号等资料信息量大，如高速率传输将对网络频宽提出苛刻的要求，因此对控制系统网络化构成，提出非常严厉的挑战。网络上传递的资讯非常多样化，不同资料的传送优先级，都要靠控制系统的智慧能力，进行合理的程序判断得以实现。

3. 工业通信无线化

工业通信无线化也是当前智慧工厂关注的焦点之一。根据 2013 年数据分析可知，全球工厂自动化中的无线通信系统应用每年增加约 40%。随着无线技术日益普及，各家供应商正在努力研发新技术在产品中增加无线通信功能，并提供一系列软硬体技术支持，例如，通信标准包括蓝牙、Wi-Fi、GPS、LTE以及 WiMax 提供相关技术支持服务。在增加无线联网功能时，嵌入式晶片及相关软体的设计在优化性能、功耗、成本和规模方面极具挑战性，都必须加以考虑。

此外，无线技术虽然在便利性方面比有线显然有相当的优势，但无线技术目前的完善性、可靠性、确定性与即时性、相容性等还有待加强。因此，工业无线技术目前仍应是传统有线技术的延伸，多数仪表以及自动化产品仍然以有线通信技术为主。

5.5.5 智慧工厂的应用

智慧工厂实施全流程智能化改造，将智能传感器技术、工业无线传感器技术、国际开放现场总线和控制网络的有线/无线异构智能集成技术、信息融合与智能处理技术等融入到生产各环节。智慧工厂与现有的企业信息化技术融合，实现复杂工业现场的数据实时采集、过程远程监控、设备维护与诊断、产品质量跟踪追溯、生产优化与在线调度及污染源实时监测等应用。

智慧工业园区，在园区实施智能环保、智能安防、智能物流等应用。在仓储、调度、跟踪监控和产品追溯等环节实现对物品、集装箱、车辆和人员的全程状态监测和智能调度，构建高效率、低成本和安全的现代物流体系。在设备和产品中集成物联网技术，实现远程定位、工业现场分析与装备健康运行监控。图 5-25 为智慧工厂组成结构示意图。

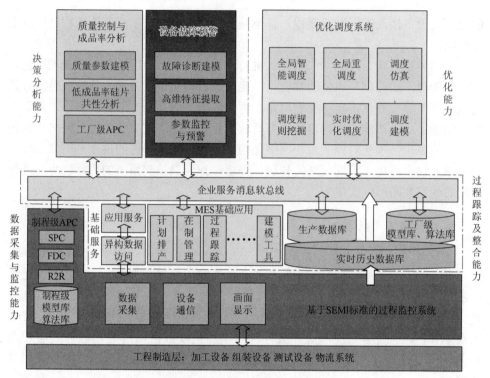

图 5-25　智慧工厂组成结构示意图

5.6　智　能　建　筑

5.6.1　智能建筑基本构成

现代智能建筑主要由建筑物自动化系统（building automation system，BAS）、办公自动化系统（office automation system，OAS）、信息通信系统（communication automation system，CAS）以及结构化综合布线系统（structured cabling system，SCS）四大系统组成。这四大系统中又包含各自的子系统，如包含能源环境管理系统、防灾与安保系统、电力供应管理系统、物业管理服务等子系统；办公自动化系统包含事务型办公自动化系统、管理型办公自动化系统、决策型办公自动化系统。为了能使这四大系统的信息及软、硬件资源共享，建筑物内各种工作和任务共享，科学合理地运用建筑物内全部资源，在智能建筑利用计算机网络和通信技术，对这四个系统应实现一体化集成。

智能建筑系统集成的核心功能是智能系统。智能系统的设备通常放置在智能化建筑环境内的系统集成中心（system integrated center，SIS），通过综合布线与各种终端设备连接，并通过计算机软件实现对整栋大楼进行动态实时监控。智能系统主要由系统集成中心、设备管理自动化系统、信息通信系统、办公自动化系

统、防火自动化系统、安全保卫自动化系统以及结构化综合布线系统构成。图 5-26
为智能建筑系统集成系统展开图。

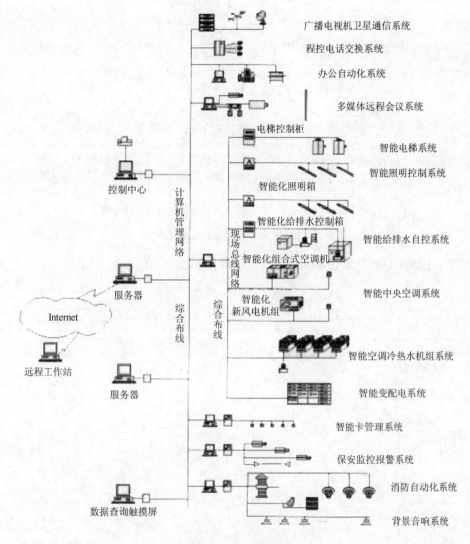

广播电视机卫星通信系统

程控电话交换系统

办公自动化系统

多媒体远程会议系统

电梯控制柜

智能电梯系统

智能照明控制系统

智能化照明箱

智能化给排水控制箱

智能给排水自控系统

智能化组合式空调机

智能中央空调系统

智能化新风电机组

智能空调冷热水机组系统

智能变配电系统

智能卡管理系统

保安监控报警系统

消防自动化系统

背景音响系统

控制中心

计算机管理网络

服务器

Internet

综合布线

现场总线网络

远程工作站

综合布线

服务器

数据查询触摸屏

图 5-26　智能建筑系统集成

5.6.2　智能建筑综合管理系统

智能建筑系统集成借助计算机技术、网络技术、通信技术和管理技术，形成
一个能够在互联中发挥优势互补作用的智能建筑管理系统，又指建筑物集成管理
系统（integrated building management system，IBMS）（图 5-27），两者之间并无本

质上的差别，其所代表的含义是一致的。

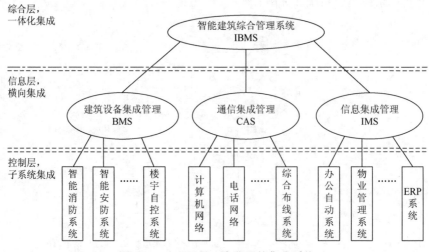

图 5-27　IBMS 是一个分层的集成系统

其中 IBMS 中的建筑设备集成管理功能如图 5-28 所示。

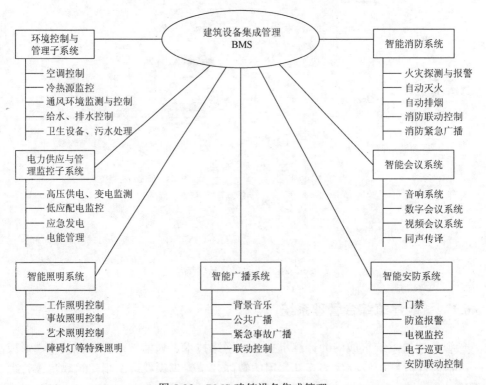

图 5-28　BMS 建筑设备集成管理

IBMS 的集成设计与它的实现功能要求有关，IBMS 主要实现智能建筑的信息与设备资源共享，以及如下五项管理的功能。

（1）集中监视、联动和控制管理。

（2）信息采集、处理、查询和建库管理。

（3）全局事件决策管理。

（4）专网配置、安全管理。

（5）运行、维护、自动化管理。

在面向设备的综合管理系统中，主要有三个子系统需要综合管理，分别是楼宇自动化系统、火灾报警系统、综合安防系统。智能建筑的每一个子系统都能够独立工作，IBMS 并不取代任何一个子系统，而是在横向集成的基础上，实现每个子系统之间的第二次集成和每个子系统之间综合管理和联动控制。

5.6.3 智能家居

1. 智能家居简介

智能家居是以住宅为平台，兼备建筑、网络通信、信息家电、设备自动化，集系统、结构、服务、管理为一体的高效、舒适、安全、便利、环保的居住环境。

智能家居可以定义为一个过程或者一个系统。利用先进的计算机技术、网络通信技术、综合布线技术，将与家居生活有关的各种子系统，有机地结合在一起，通过统筹管理，让家居生活更加舒适、安全、有效。与普通家居相比，智能家居不仅具有传统的居住功能，提供舒适安全、高品位且宜人的家庭生活空间；还由原来的被动静止结构转变为具有能动智慧的工具，提供全方位的信息交换功能，帮助家庭与外部保持信息交流畅通，优化人们的生活方式，帮助人们有效安排时间，增强家居生活的安全性，甚至为各种能源费用节约资金。

2. 智能家居的发展历程

1）家庭自动化

家庭自动化指利用微处理电子技术，来集成或控制家中的电子电器产品或系统。家庭自动化系统主要是以一个中央微处理机接收来自相关电子电器产品（外界环境因素的变化，如太阳初升或西落等所造成的光线变化等）的信息后，再以既定的程序发送适当的信息给其他电子电器产品。中央微处理机必须透过许多界面来控制家中的电器产品，这些界面可以是键盘，也可以是触摸式荧幕、按钮、电脑、电话机、遥控器等；消费者可发送信号至中央微处理机，或接收来自中央微处理机的信号。

　　家庭自动化是智能家居的一个重要系统，在智能家居刚出现时，家庭自动化甚至就等同于智能家居，今天它仍是智能家居的核心之一，但随着网络技术在智能家居的普遍应用，网络家电/信息家电的成熟，家庭自动化的许多产品功能将融入到这些新产品中去，从而使单纯的家庭自动化产品在系统设计中越来越少，其核心地位也将被家庭网络/家庭信息系统所代替。它将作为家庭网络中的控制网络部分在智能家居中发挥作用。

　　2）家庭网络

　　家庭网络是指连接家庭里的 PC、各种外设及与网络互联的系统，它只是智能家居的一个组成部分。家庭网络可以在家庭范围内（可扩展至邻居，小区）将 PC、家电、安全系统、照明系统和广域网相连接。当前在家庭网络所采用的连接技术可以分为"有线"和"无线"两大类。有线方案主要包括：双绞线或同轴电缆连接、电话线连接、电力线连接等；无线方案主要包括：红外线连接、无线电连接、基于 RF 技术的连接和基于 PC 的无线连接等。家庭网络相比起传统的办公网络来说，加入了很多家庭应用产品和系统，如家电设备、照明系统，因此相应技术标准也错综复杂。

　　3）网络家电

　　网络家电是将普通家用电器利用数字技术、网络技术及智能控制技术设计改进的新型家电产品。网络家电可以实现互连组成一个家庭内部网络，同时这个家庭网络又可以与外部互联网相连接。可见，网络家电技术包括两个层面：第一个就是家电之间的互连问题，也就是使不同家电之间能够互相识别，协同工作；第二个层面是解决家电网络与外部网络的通信，使家庭中的家电网络真正成为外部网络的延伸。

　　要实现家电间互连和信息交换，就需要解决：①描述家电的工作特性的产品模型，使得数据的交换具有特定含义；②信息传输的网络媒介。在解决网络媒介这一难点中，可选择的方案有电力线、无线射频、双绞线、同轴电缆、红外线、光纤。认为比较可行的网络家电包括网络冰箱、网络空调、网络洗衣机、网络热水器、网络微波炉、网络炊具等。网络家电未来的方向也是充分融合到家庭网络中去。

　　4）信息家电

　　从广义的分类来看，信息家电产品实际上包含了网络家电产品，但如果从狭义的定义来界定，我们可以这样做一简单分类：信息家电更多的指带有嵌入式处理器的小型家用（个人用）信息设备，它的基本特征是与网络（主要指互联网）相连而有一些具体功能，可以是成套产品，也可以是一个辅助配件。而网络家电则指一个具有网络操作功能的家电类产品，这种家电可以理解是原来普通家电产品的升级。

信息家电由嵌入式处理器、相关支撑硬件（如显示卡、存储介质、IC 卡或信用卡等读取设备）、嵌入式操作系统以及应用层的软件包组成。信息家电把 PC 的某些功能分解出来，设计成应用性更强、更家电化的产品，使普通居民步入信息时代的步伐更为快速，是具备高性能、低价格、易操作特点的 Internet 工具。信息家电的出现将推动家庭网络市场的兴起，同时家庭网络市场的发展又反过来推动信息家电的普及和深入应用。

3. 设计原则

衡量一个住宅小区智能化系统的成功与否，并非仅仅取决于智能化系统的多少、系统的先进性或集成度，而是取决于系统的设计和配置是否经济合理并且系统能否成功运行，系统的使用、管理和维护是否方便，系统或产品的技术是否成熟适用，换句话说，就是如何以最少的投入、最简便的实现途径来换取最大的功效，实现便捷高质量的生活。为了实现上述目标，智能家居系统设计时要遵循以下原则。

1）实用便利

智能家居最基本的目标是为人们提供一个舒适、安全、方便和高效的生活环境。对智能家居产品来说，最重要的是以实用为核心，摒弃掉那些华而不实，只能充作摆设的功能，产品以实用性、易用性和人性化为主。

2）可靠性

整个建筑的各个智能化子系统应能二十四小时运转，系统的安全性、可靠性和容错能力必须予以高度重视。对各个子系统，在电源、系统备份等方面采取相应的容错措施，保证系统正常安全使用，质量、性能良好，具备应付各种复杂环境变化的能力。

3）标准性

智能家居系统方案的设计应依照国家和地区的有关标准进行，确保系统的扩充性和扩展性，在系统传输上采用标准的 TCP/IP 协议网络技术，保证不同产商之间系统可以兼容与互连。系统的前端设备是多功能的、开放的、可以扩展的设备。

4）方便性

家庭智能化有一个显著的特点，就是安装、调试与维护的工作量非常大，需要大量的人力物力投入，成为制约行业发展的瓶颈。针对这个问题，系统在设计时，就应考虑安装与维护的方便性，比如系统可以通过 Internet 远程调试与维护。通过网络，不仅使住户能够实现家庭智能化系统的控制功能，还允许工程人员远程检查系统的工作状况，对系统出现的故障进行诊断。这样，系统设置与版本更新可以在异地进行，从而大大方便了系统的应用与维护，提高了响应速度，降低了维护成本。

5) 轻巧型

轻巧型智能家居产品,顾名思义它是一种轻量级的智能家居系统。简单、实用、灵巧是它的最主要特点,也是其与传统智能家居系统最大的区别。所以一般把无需施工部署,功能可自由搭配组合且价格相对便宜,可直接面对最终消费者销售的智能家居产品称为轻巧型智能家居产品。

第6章 交通运输系统

交通运输系统是一个复杂的大系统，具有连续性、多环节、多功能、超区域、网络性和动态性等特点。作为国民经济大系统的组成部分，交通运输系统承载着生产、旅客运输、国民经济系统的循环和国防等功能，有着以下特征：①目的性明确，即为了完成社会和企业及个人的运输任务。②层次性突出，从路网层面有骨干线路网、支线路网和联络路线等；从枢纽规模有全国性的综合路网枢纽、区域性枢纽和地方性枢纽；从港口规模有国际性的贸易港口、国内区域性港口和地方性港口等；从公路线网有高速公路网、国道、省道和地方性公路；从交通运输系统的管理系统有国家级的管理、省区管理和市县级管理层次等。③具有整体性，交通运输系统是由不同子系统组成的一个统一整体，交通运输系统子系统彼此间相关。交通运输系统主要由下列五个基本部分组成：载运工具、站场、线路、交通控制和管理系统、设施管理系统。按载运工具和运输方式的不同，交通运输系统可分为：轨道交通、道路交通、水路交通、航空交通等。

根据交通运输系统信息交换的方式和关联处理的方式可分为：①递接控制系统：对各子系统的控制作用是按照一定优先和从属关系安排的决策单元来实现的，如铁路运输系统。②分布式控制系统：各子系统的控制单元是根据子系统的控制目标事先按一定方式分配给子系统的控制单元，他们之间可以有有限的信息交换，如海运港口系统的管理。③分散控制系统：每个子系统只能得到整个系统的一部分信息同时也只能对系统变量的某一子集进行操作和处理，各自都有独立的控制目标，如公路、内河的控制管理。目前，伴随着信息化的发展，交通运输系统自动化也得到了飞速发展。

6.1 船舶自动化

随着计算机技术的高度发展，自动化技术在船舶上也得到日益发展和广泛应用。展望 21 世纪船舶自动化技术，将不断向全船自动化这个高层次阶段发展。船舶自动化利用自动化装置取代了人工直接操纵和管理船舶的方法，它用多台微处理器承担全船自动化的任务，应用起来简单灵活，船舶自动化技术已经成为当今世界主要海洋强国的支柱产业之一，技术也越来越成熟，目前航海已实现船舶自动化。德国 SIEMENS、MTU 公司，法国 ALSTON 公司，挪威 NORCONTROL

公司都推出了世界先进的现代化大型船舶自动化设备。

　　船舶自动化虽然是一门新兴产业，但随着自动化技术，特别是电子技术的发展，其研究技术已相对成熟。与传统操纵方法相比安全，不仅能保证操作安全无误，还能改善劳动条件，大大减轻劳动强度，缩减船员，减少不必要的开支，为船舶营运带来丰富的经济效益。

　　图 6-1 为大型远洋船舶图。

图 6-1　大型远洋船舶图

6.1.1　船舶导航与驾驶自动化技术

　　船舶发展早期，古人常用天文导航、地磁导航指引船舶的行驶。100 多年前出现机械式船舶计程仪，至后来陆续出现陀螺罗经、船载雷达等，船舶导航已经走过了约一个世纪的漫长道路。21 世纪，各种船舶导航系统有的已经或者将要被淘汰（LORAN-A、OMEGA）；有的被保留，不断改进、发展（如陀螺罗经、计程仪、雷达等）。新出现并蓬勃发展的导航技术有船载 GPS、电子海图显示与信息系统 ECDIS、船载自动识别系统 AIS、船载航行数据记录仪 VDR 等。船舶导航类别及发展现状如表 6-1 所示。

表 6-1　导航类别及现状一览表

系统类别		系统名称	出现年份	现状
导航系统	陆基	测向	1929 年建	美国 2005 年停用，国际 1999 年 2 月 1 日商船不要求，我国已允许船舶申请免装
		台卡	英国 1944 年建	欧洲区域高精度定位，用至 2014 年
		奥米加	美国 1982 年建	美国 1994 年 12 月前停，1997 年 9 月关机
		劳兰 A	美国 1942 年建，中国 1968 年建"长河一号"	美国 1977～1980 年逐步关闭，中国 20 世纪 90 年代初关闭
		劳兰 C	美国 1957 年建，中国 1987 年建"长河二号"，1993 年投入使用	美国 1994 年后军停用，中国将保留使用

续表

系统类别	系统名称	出现年份	现状
导航系统　星基	NNSS	美国 1964 年军用，1967 年起民用	1996 年关闭，由 GPS 代替
	GPS/DGPS	1995 年正式启用	现大量使用
	GLONASS	俄国 1996 年 1 月运行	尚未推广使用
	GNSS	1999 年初运行	2002 年全运行
	北斗导航系统	中国 2000 年已经发射试验卫星	将投入使用
雷达　ARPA	雷达	1946 年第一台商船使用	仍广泛使用，但有局限性
	ARPA	20 世纪 70 年代初出现	1991 年强制安装，有局限性
新型导航系统	ECDIS	1995 年 IMO 19 次大会通过性能标准	1996 年 11 月 IHO 出版 S-57 v3.0 S-52 v5.0，1998 年 4 月 IEC 出版 IEC61174
	AIS	1998 年 5 月 IMO MSC69 次会议批准性能标准	2000 年 12 月 MSC73 次会议通过，2002 年 7 月起强制安装
	VDR		2000 年 12 月 MSC73 次会议通过，2002 年 7 月起强制安装
INS/IBS	INS	1969 年第一台装船	大型油轮、滚装船、军舰等已大量使用
	IBS	20 世纪 70 年代出现	大型油轮、滚装船、军舰等已大量使用
电航仪器	陀螺罗经	1908 年出现	大量使用，现已出现数字陀螺罗经、光纤陀螺、激光陀螺
	计程仪	100 多年前	大量使用
	测深仪	1925 年出现	大量使用

各种单一导航系统发展已趋于成熟稳定，但各具有不同优缺点，例如，惯性导航是自主式导航系统，不受外界干扰，相对精度比较高，有非常好的短期精度和稳定性，且隐蔽性好，但误差随时间而积累，加温时间和初始对准时间也较长，且成本昂贵；GPS 全球卫星导航定位精度高，全球、全天候，能连续定位，但需要复杂定位设备，非自主式，受制于人，当前我们只能接收民用的 C/A 码，战时很难保证能正常使用；无线电导航定位误差不随时间积累，但易受外界干扰、易被发现，需导航台站；天文导航用于船舶，易受气象、云层、昼夜影响。

由于单一导航系统各具优劣势，组合导航（integrated navigation system，INS）已成为当今舰船最基本、最重要的导航设备之一。INS 是 20 世纪 60 年代出现，是指"一种借助于电子计算机数据处理技术，将船舶上不同特点的各种单个导航设备（系统）有机地结合在一起，通过对各导航信息进行综合处理（常用 Kalman 滤波），以达到提高系统定位精度、可靠性、灵活性、自动化程度的目的，并可进行各种航海功能计算的导航系统"。INS 系统经过标准口输出最佳的船位经纬度、航向、航速等数据给其他导航系统，可以减轻值班驾驶员的辛苦；但由于船舶间未提供数据自动传输的通信系统，其优化的数据不能用于避免船舶间避碰。现代船舶普遍具有的特点：便于操纵、安全性和可靠性高、制造和航行成本低。海上自动航行系统始于 20 世纪 70 年代。一种利用电子计算机，用系统设计方法，将各种定位仪、雷达、ARPA（自动雷达标绘仪）、GPS/DGPS、ECDIS 显示的电子海图及数字自动舵连接起来，组成船舶自动航行系统，即综合桥楼系统（integrated bridge system，IBS）。IBS 集导航、控制、显示、监视、通信、管理等诸多功能于一体，实现航行自动化，提高航行安全性、经济性与有效性。

初期的 IBS 就是一种典型的自动航行系统。随着计算机等高新技术的发展，美国等发达国家正致力于对 IBS 进行更新换代，市面上已有 3 代、4 代等不同类型的综合桥楼系统。这种系统可以综合船舶行驶所需的各种航海设备（雷达、导航等），通过应用计算机、现代控制、信息处理等技术对桥楼内分散的各种信息实现了集中管理，不仅可以缩减人力、降低燃料消耗，还能实现船舶自动化航行，对安全航海起到了积极的作用。

IBS 主要有以下几个特点：丰富的图形界面；完善的综合导航系统，可以在没有人操纵的情况下自动操船、避碰；通信和航行管理控制自动化程度高，改善了航行的安全性，提高了航行的经济性和有效性。船舶导航与自动化系统之所以具有较高的准确性和实时性，是因为有航海专家数据库和综合导航与驾驶控制的网络系统的支持，其中后者是由国际通用电子海图技术支持的，具有数字化、智能化、模块化和集成化的特点。今后的发展方向为：航海专家数据库技术、通用型电子海图显示信息系统技术、多导航传感器多数据集的信息融合处理技术、开放式体系中的实时多任务操作系统上的系统集成技术、系统导航功能模块化技术。

图 6-2 为综合桥楼系统图。

图 6-2　综合桥楼系统图

21 世纪的船舶朝着大型化、高速化方向发展，需要安全性高、精准可靠的船舶导航自动化系统。目前"技术集成"构造新型集成导航系统已具有可能性，例如，在导航设备方面，已经出现了系统综合应用趋势，包括移动通信、导航、组合导航与数据船桥等一体化应用；组合导航系统 INS、IBS 已经都在融入新发展的技术，如电子海图显示系统（electronic chart display and information system，ECDIS）、具有航行专家系统的智能自动航行系统，以及船载自动识别系统（automatic identification system，AIS）；

电子计算机技术的迅猛发展为新系统技术集成提供了重要条件。新型集成导航系统（图 6-3）由输入传感器及接口、中央处理机、系统控制软件及输出设备构成。

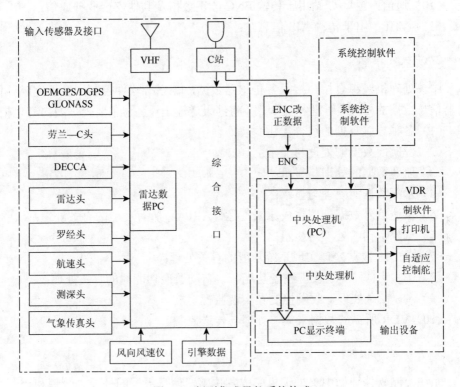

图 6-3　新型集成导航系统构成

1. 输入传感器及接口

各种传感器只保留其信息源，逐步改造成传感信息头，不再生产整机，取消原来的信息处理、显示及电源单元，相关部分融入系统中。

（1）船位：GPS 接收机、DGPS、GLONASS、GNSS；

（2）航向：由陀螺罗经头提供；

（3）航速：由计程头提供；

（4）水深：由测深头提供的实时水深数据；

（5）无线电导航系统：由 LORAN-C、DECCA 接入导航数据；

（6）气象海况：由 FAX 头接收气象信息经处理得到的气象数据或经无线接入网络下载的海洋气象数据；

（7）风向、风速：由风向、风速仪提供的数据用于计算航迹并显示于控制台；

（8）雷达图像及 ARPA 数据：将接收来自雷达头的原始视频、触发脉冲、天线方位信号送入中央处理机，由后者实现雷达及 ARPA 的诸功能；

（9）引擎数据：主机回转速率与螺旋桨螺距数据，送入中央处理器；

（10）通信：卫星 C 站用于传输 ENC 改正数据及其他安全业务通信；

（11）VHF：用于传输 AIS 信息。

2. 中央处理机

中央处理机经综合接口接入各传感器数据，在系统软件控制配合下完成各传感器信息数据的处理、管理和控制，并将结果送输出设备。主要处理的内容包括：

（1）各种导航数据的组合优化滤波处理；

（2）罗航向数据的处理与显示；

（3）航速数据的处理与显示；

（4）水深数据的处理与显示；

（5）雷达信号数据处理完成原来雷达、ARPA、所有功能的有关处理；

（6）气象数据的处理与显示；

（7）ECDIS 数据处理实现系统功能的有关处理；

（8）IBS 信息处理及实现系统功能（含自动避碰功能）的有关处理；

（9）AIS 信息处理、收发控制及实现监视功能；

（10）VDR 所需的数据采集、处理与传送控制。

3. 系统控制软件

系统控制软件辅助中央处理机完成各传感器信息数据的处理、管理和控制。主要包括：

（1）导航信息组合优化处理与管理软件；

（2）航向数据处理与显示软件；

（3）航速数据处理与显示软件；

（4）水深数据处理与显示软件；

（5）ENC 显示预处理及改正软件；

（6）电子海图显示功能软件；

（7）航海功能软件；

（8）自动避碰功能软件；

（9）气象、风向、风速信息的接收与处理软件；

（10）自适应数控舵控制软件；

（11）机舱引擎数据接收与管理软件；

（12）数据装载及稳性、强度计算软件；

（13）AIS 信息处理与控制软件；

（14）VDR 信息处理与管理软件。

4. 输出设备

PC 终端显示。该显示器是 ECDIS、INS、IBS、雷达、ARPA 等诸多设备显示功能的综合。显示的内容主要有：可选择显示底层、标准和全信息电子海图；本船计划航线，航迹标绘；气象信息（传真图及海洋气象台数据）与电子海图重叠显示；雷达视频与电子海图实时重叠显示；ARPA 跟踪目标的动态标绘；基于 AIS 的本船与周围相遇船自动避碰态势显示；图像指向、航速、航程、预计抵达目的港时间、实时水深、风向、风速、货运装载及机舱有关数据的显示。

自适应数控自动舵。由中央处理机输出根据选用的航行模式的偏差而计算得到的修正舵角数据送自适应数控自动舵，并控制其执行。

打印机。将中央处理机输出的舵行有关数据按一定格式、一定时间间隔自动打印、保存。

这种新型集成导航系统，可提供高精度的船位、航向、航速数据及水深、气象与海况等信息；提供标准电子海图数据库及选择显示底层、标准或全信息电子海图，显示的电子海图可缩放、平移、漫游，当本船船位移动到图边沿时会自动换图；雷达图像与 ARPA 信息可与电子海图重叠显示，可测目标到本船的距离、方位及任意两点的距离和方位；在电子海图上可进行航线设计、修改、存储及航法选择、航迹监控与保持；具有基于 AIS 信息的智能自动避碰专家系统与避碰功能；具有货物装载及船舶稳性、强度计算与显示功能。

导航技术随着社会信息化发展的不断深入和拓展，在军事及民用领域中应用越来越广泛，迎来了快速发展的新时期。导航技术具有多学科综合交叉的特点，受基础工业相对薄弱、加工工艺水平相对滞后等因素影响，许多类型的惯性传感器精度和可靠性仍与国外先进水平有差距。在北斗卫星导航、海洋与空间探索等国家中长期科技发展战略的引导下，我国科技工作者一定能够抓住机遇，不断推动导航技术在军民领域的推广应用，满足国民经济与国防发展对导航技术的迫切需求。

船舶驾驶自动化技术的发展是基于电子技术、自动控制技术和电子计算机技术的发展。船舶驾驶自动化起始于自动操舵装置的采用。1920 年德国最先采用安许茨自动操舵仪。20 世纪 50 年代末到 60 年代初，比例、积分、微分控制技术的应用，提高了自动操舵仪的操纵性能。70 年代微处理机的引入，使自适应自动操舵仪进入了实用阶段，并成为综合导航系统实施船舶操纵的航向指令机构。完成船舶驾驶自动化功能是靠以电子计算机为核心，集合多种导航设备的控制装置的综合导航系统。具体包括如下内容。

（1）航法计算自动化。基于设定航行的起始点，终止点，各转向点的经、纬度及转向点之间所采用的航法（如恒向线航法、大圆航法或混合航法），计算各段航线的航向和航程，各转向点经、纬度与航向数据，并提供给航向保持子系统，作为自动操船的依据。航行过程中驾驶员根据需要可修改转向点。

（2）组合定位自动化。汇集多种导航定位设备所提供的船位信息，按最小方差估算理论进行滤波处理，随时给出最佳估计船位。当实际船位偏离计划航线时，航向保持子系统根据经滤波处理的船位发出航向指令，使船舶以最短航程回到计划航线，或修正到下一转向点的航向。

（3）避碰操作自动化。船用导航雷达提供的相遇船舶和周围物标信息经过图像处理，输往避碰操作自动化子系统的显示器。驾驶员以自动方式或手动模式对相遇船舶进行录取。避碰操作自动化子系统对录取的目标进行跟踪，计算出它们的航速和航向，基于矢量形式显示。计算机基于相遇船舶和本船舶的航速、航向计算两者之间最近交会距离和时间，提供避免碰撞的建议航向，驾驶员基于《国际海上避碰规则》和海情及时发出避碰指令，船舶自动实施避碰。碰撞危险撤销后，避碰操作自动化子系统将以最短航程使船舶回到计划航线。

（4）航向保持自动化。基于航向保持自动化子系统实现自动控制航向。在航向保持自动化子系统中，按最佳控制准则，自动计算调整参数和自适应调节自动操舵仪。另外，航向保持自动化子系统还可以接收其他自动化子系统的航向指令，使船舶避免碰撞和保持航迹。良好的航向保持自动化子系统能缩短航程，节约燃料。

6.1.2　船舶机舱自动化系统与设备技术

船舶机舱自动化技术其实是一种监控系统，它的功能比较丰富，主要有监测、自动控制、报警等，这些功能模块一般安装在机舱动力系统及辅助系统内部，目前已发展成为船舶工业科技战略发展应用研究的重要技术之一。机舱自动化系统主要由两大系统组成：一是主动力系统；二是发电系统等多个子系统的控制与监测。像涉及数字监控等技术的机舱监测报警、主机遥控、电站管理、泵控制等都是船舱自动化的典型应用，船舱自动化系统综合了计算机网络、通信、传感器、电力电子等多种学科和技术。

在动力系统方面，包括动力系统性能特征分析与建模、动力系统控制技术。其中控制的自动化理论基础是最优调节与卡尔曼滤波、鲁棒控制、非线性控制、智能控制（专家系统、模糊控制、神经网络）等，正在发展的理论领域包括自适应控制、大系统理论、H∞鲁棒控制、非线性控制（微分几何、混沌、变结构）。

船用动力系统目前正经历着由传统的船舶动力系统向电力推进船舶动力系统方向发展。电力推进船舶动力系统具有机动性：巡航时，可以关闭部分或大部分发电机组；具有良好操纵性：现代控制器驱动的推进器可以在零转速附近工作，具有大扭矩，并有制动功能；具有柔性布置特点：可以把推进电机放在艉水下吊舱内和螺旋桨连接，吊舱可以 360°旋转；具有舒适性：振动、噪声小、隐蔽性好。包括核动力在内的新一代军用舰船将无一例外地采用电力推进及综合电力系统。今天，由于大功率可控硅技术的突破，人们可以用毫安级的微电流来控制几千安的强大电流，并且在微秒级的时间内使之导通或关闭。利用这些高速的大功率电子开关，人们可以轻易地改变交流电的瞬态波形，包括频率、电压和相位。用这样的变频器来驱动推进电机，可以满足任何需要，包括转速和扭矩。由于船舶推进电机通常是和螺旋桨直连，最大功率已达几十兆瓦，电压通常为 6.6～11kV，电流达数千安以上。当强大的电流通过时，只有增加电缆截面积，而这将引起电机重量和体积的增大，此外减少能量损失也一直是技术进步的目标。超导技术的突破可以大大提高传统电机的性能。

　　当今人们日益关注船舶运输对全球环境的影响，运输的效率、速度和旅途的舒适性等。而现有的螺旋桨推进船舶由于技术局限性，无法实现真正安静型高速航行，很难满足人们日益提高的要求。作为船舶推进新技术之一的超导磁流体船舶推进是将电能直接转换成海水动能推动船舶前进。推进系统中没有高速旋转部件，消除了传统螺旋桨推进的"空泡"现象和传动机构产生的振动和噪声，能实现真正安静型高速航行。其原理是利用海水是导电流体，给推进器管道中的海水施加一个磁场和一个与磁场正交的电场，管道中的海水就会受到一个与电场和磁场垂直的电磁力（洛伦兹力）的作用。当这个力的方向沿着船尾方向时，海水将向船尾方向运动，同时，海水的运动给船体一个反作用力，使船体向前运动。因此，超导磁流体推进系统具有安静、高速、布置灵活、操纵性好等特点。目前，磁流体推进器主要有线形通道磁流体推进器，螺旋形通道磁流体推进器和环形通道磁流体推进器三种基本结构形式。

　　超导磁流体推进技术是一项涉及电磁学、流体力学、电化学等多学科，并且综合性很强的高技术。该技术难度很大，需要解决的问题很多，尤其是超导材料及磁体技术的解决。近几年来，磁流体推进技术在其他领域的应用研究也得到扩展，如微流体泵、人工心脏辅助装置、超音速飞机、海水流动控制以及油污海水的分离回收等技术的研究。可以预言，随着科学的发展、技术的进步、新材料和新工艺的出现，超导磁流体推进技术将在不远的将来得到更大的发展，并走向实用化。该项技术被认为是 21 世纪船舶推进技术的发展新方向，其实用化将引起船舶推进的重大变革，对高速舰船、远洋轮、破冰船和军事用途舰艇都有重大的实用意义。

数字监控技术（包括单元系统模块技术、电子模块技术、系统接口模块技术）方面涵盖光纤数字传输技术、网络技术（包括船用光纤、现场总线、工业化以太网等技术）、智能柴油机电控技术、全电力电子技术、微机电技术等，以集成化、网络化、标准化、模块化、智能化、系列化等方式，向实现机舱综合自动化这个高层次阶段发展。随着科学技术的突飞猛进，未来的船舶自动化系统也在发生着变革，其开放程度更高，适应范围更广，网络联系更为密切，具有三个典型特点：可靠性高、自动化程度高、维护方便，虽然现代船舶自动化已经可以满足简单远航的需求，但是由于它的造价成本比较高，并没有被普及。未来的船舶机舱将向着经济实用、自动化程度高、功能丰富的方向发展，融合了互联网、计算机、传感器、遥控技术、集成管理系统等先进控制技术，不断地与时俱进，降低制造和远航成本，使普通游轮也能应用该技术。图 6-4 为船舶驾驶室自控台。

图 6-4　船舶驾驶室自控台

6.1.3　船岸信息一体化系统技术

随着计算机等技术的发展，船舶船岸信息一体化系统技术已经日趋成熟，并逐渐成为船舶配套技术科技战略发展的重要课题。船舶船岸信息一体化系统技术是一种可以实时监控船舶航行的状态，应对突发状况能够实时调度、管理、指挥的大型自动管理系统，目前普遍应用在大中型民船的远洋运输和渔业中。电子海图、船舶自动识别系统、船载航行数据记录仪等设备扩充的无线网络通信功能为实现海上的数字交通功不可没，该技术以卫星通信网、陆地互联网通信为数据库，基地指挥台可以实时地根据卫星通信网和地面上计算机网络系统的反馈信号，以特有的方式自动进行通信，构成船岸信息一体化网络，成为集导航、通信、控制为一体的船舶自动化系统。今后的发展方向为船岸信息一体化系统更加完善，通过网络结构分析与组建研制出安全性和可靠性比较高的智能航行系统、向着具有船舶自动识别系统、船舶航行数据自动记录器的方向发展。图 6-5 为先进的综合船舶控制和监测系统。

图 6-5　先进的综合船舶控制和监测系统

6.1.4　液货自动装卸系统技术

　　液货装卸自动化系统综合了各种数据库，将不同功能的控制模块集于一体运行，是实现船舶综合后勤支持管理自动化，以及船舶装卸与系泊自动化的主要装置。通过这个装置可以模拟静水和波浪两种外在条件，这样就可以分别实时地检测、控制液货装卸船在模拟的两种环境中（完整和破舱状态下）的静水力、耐波性效应，自动监测控制货油系统、压载系统、水密门，通过高精度监测吃水和对液体遥控实施对船的浮态控制，以确保船的浮态和稳性。今后发展方向为集成监测控制技术、静水力性能模拟监控技术、动力性能模拟监测技术、吃水和液位遥测遥控技术、货油装卸模拟监测控制技术、自动压载控制技术、水密门监测控制技术、船上掌上电脑无线监控技术、卫星-INTERNET 岸基监控管理。

　　随着计算机技术的不断发展，其系统与设备发展也极其迅速，船舶科学技术的重要组成部分之一船舶自动化技术，正朝着数字化、智能化、模块化、网络化、集成化的方向迅速发展，这将是国际船舶自动化技术发展总趋势。

6.1.5　船舶自动化的未来展望

船舶从复杂的人工操纵到实现简单的单机自动化，再到无人值班机舱、一人桥楼驾驶的问世，船舶自动化程度越来越高，航行定位技术也越来也精确，相信随着计算机技术的高度发展，船舶将不单单实现某一功能的自动化而是不断向舰船综合自动化这个高层次阶段发展。舰船综合自动化是一个多功能综合系统，它将多种功能集于一体，分别实现集机舱自动化、航行自动化、机械自动化、装载自动化等功能。该系统通常由两部分组成：一是母站，二是分控制系统。有两个完全独立的母站，一个设在机舱集控室，另一个设在驾驶室，可同时或单独操作，并互为备用。分控制系统有若干个，将根据舰船的种类和自动化的程度而定，如主机遥控、机舱监测报警、电站管理、泵浦控制、液位遥测和压载控制、冷藏集装箱监控、自动导航等。这两个组成部分由于采用了高速传输技术而形成一个综合网络系统，可以根据需要在网络上连接一定数量的工作分站，从而实现对舰船重要部位的设备进行监测、控制和操作等目的。同时，其工作分站可作为一个通信窗口，利用各种通信手段（电子信件、互联网、数据传输），进行一些信息交流、咨询、资料查阅、设备维护、故障诊断、备件查询、船舶管理等业务活动，从而保证了船舶航行的安全性、可靠性和经济性。目前西门子等公司已有较成熟的技术并研发出相应的配套产品，现在已广泛应用于各类船舶中，随着"阿波罗"成功登月，火星探测仪计划的实施，多维空间自动航行技术日趋完善，实现全自动无人驾驶船舶的梦想离我们越来越近了，21 世纪将会有越来越多的新建船舶配套综合自动化系统。

进入 21 世纪以来，舰船自动化技术得到了很好的发展，理论基础已经日趋成熟，实践基础也在逐渐改善，未来将向着规范化、经济性、可靠性高、安全性高、舒适性好、节约性方向发展。通过分析电气技术的发展趋势和舰船自动化设计的前景，可以得出以下结论。

（1）舰船电工技术的迅速发展将推动造船和航运业的重大变革。进入新世纪后，随着电力电子技术、定位技术、通信技术等全面发展和广泛应用，船舶自动化程度越来越高。尤其是现在的学科没有明显的界限，可以相互交叉渗透，像电力系统中少不了电子器件，而电子器件的应用也离不开电力系统；强电中包含着弱电，弱电中有掺杂了一些强电，难分难解。

（2）未来船舶电气设备将会向可靠性高、节能型方向发展。随着电力电子器件的广泛应用以及计算机的高速发展，一定会使未来船舶发生翻天覆地的变化。可编程控制器作为一种新型控制方式目前已在舰船电力系统自动控制设备中得到广泛的应用。未来，舰船将向着桥楼综合自动化、微机监视、卫星通信导航、全球定位系统、船岸信息直接交流、全船自动化延伸。

（3）在 20 世纪末 21 世纪初，由于柴油发动机船舶经济实惠、可靠性也比较高，在未来的一段时间内，它都将作为船舶原动机。但随着我们的生活环境污染越来越严重，石油也面临枯竭，在一定程度上冲击了柴油发动机的地位。为了缓解环境压力，人们都在争相研究一种绿色无污染的新能源。像太阳能就是一种天然无公害的新能源，而且资源充足，目前正在致力于研究太阳能汽车，相信不久的将来太阳能船舶也会相继问世；另一种新能源氢能也是可以无偿获得，它可作为潜在的热源，也可以作为太阳能电池的储能部件，通过电解的方式来达到储能的目的；燃料电池采用可逆式氢电池来发电以及氢电解装置、超导电磁推进等，但进入到船舶上的实际应用，尚需相当长的时间。

（4）目前，我国已经可以制造出具有国际先进水平的各类船舶，但这并不是我们的最终目的，时代在发展，我们也要与时俱进，不断赶超发达国家，制造出更加先进的船舶。进入 21 世纪后我们意识到：船舶电气的先进性将直接影响船舶的航行安全、经济性及舒适性。为此，我们要紧跟高新技术的发展趋势，对舰船电气自动化造船设计进行研究，提高造船设计水平，为建造高水平的舰船做出贡献。

6.2　航空航天自动化

航空指飞行器在地球大气层内的航行活动，航天指飞行器在大气层外宇宙空间的航行活动。自从 20 世纪初第一架带动力的、可操纵的飞机完成了短暂的飞行之后，人类在大气层中飞行的古老梦想才真正成为现实。经过许多杰出人物的艰苦努力，航空科学技术得到迅速发展，飞机性能不断提高。人类逐渐取得了在大气层内活动的自由，也增强了飞出大气层的信心。20 世纪 50 年代中期，在火箭、电子、自动控制等科学技术发展的基础上，第一颗人造地球卫星发射成功，开创了人类航天开始成为人类活动的新疆域。航空航天事业的发展是 20 世纪科学技术飞跃进步，社会生产突飞猛进的结果，集中了科学技术的众多新成就。

"开发天疆"一直是美国、日本、俄罗斯以及欧洲航空科学家最热衷讨论的话题，这些国家和地区纷纷都在制订自己的空间开发计划。中国也不例外，2008 年 9 月 25 日"神舟七号"载人飞船的成功发射，标志着我国航天事业的又一个巨大的进步，引起了世界人们的极大关注。载人航天器主要由发射场、着陆场及有效载荷部分组成，是一项极其庞大的系统工程，载人航天涉及了多种学科，如自动化技术、新材料、新工艺、力学、天文学、地球科学、航天医学及空间科学等。它首先将有效载荷——驾驶员和载人航天器送入太空中提前设定好的轨道上，然后利用先进的设备进行探测、研究、试验、生产和军事应用，最后安全返回。载人飞船的成功发射离不开高度发达的科学技术和科研能力以及雄厚的经济基础，到目前为止，能独立开展载人航天活动的国家少之又少，我国是第三个可以独立开展载人航天活动的国家。宇宙飞船、人造卫星、空间探测仪等航天器从发射、进入轨道、对轨道和姿态的调整，一直到最后重返地球或在其他星球上着陆和探测，整个过程中始终与自动化有着最为密切的关系，而且所采用的很多自动控制和自动化技术都是最尖端、最先进的。要顺利完成一次宇宙飞行任务，不可避免地会涉及运载火箭、发射场、航天器控制系统、测控系统、着陆场等各个方面，为了全面地了解宇宙飞行与自动化关系，需要了解航空航天自动化关键技术。

6.2.1　航空飞行器

　　一提到飞行器，我们就会想到巡航导弹、运载火箭、人造卫星、航天飞机、飞机、直升机等，其中飞机是与我们生活联系最为密切的航空飞行器，因而其控制也是最基本和重要的。飞机作为一种智能飞行器，其发展和进步在一定程度上反映了人类认识世界和改造世界的能力，也反映了人类社会和经济的进步。作为智能飞行器的一种，飞机应用大量的技术学科有：自动化、通信、控制、信息科学。智能飞行器强调了智能和自动，它作为运输的载体，我们应该从智能自动化这个方面去看待载体的特性。综观智能飞行器的发展历史，下面主要从航空中的飞机方面讲述其历程。

1. 飞机运动的描述

　　平面上运动的物体一般通过 2 个坐标（自由度）来描述物体的运动过程，但空间上的物体，如飞机在运动过程中仅用 2 个自由度是不能完整地描述其运动和姿态的，至少得需要 6 个自由度。要想描述飞机质心的空间位置就得 3 个自由度，可以把这三个坐标看成是静止的直角坐标系的 XYZ 坐标，也可以是相对地心的极坐标或球坐标系的极径和 2 个极角，在地面上相当于距离地心的高度和经度纬度。另外 3 个自由度是用来描述飞机的姿态的，其中，第 1 个是表示机头俯仰程度的仰角或机翼的迎角；第 2 个是表示机头水平方向的方位角，一般用偏离正北的逆时针转角来表示，这两个角度就确定了飞机机身的空间方向；第 3 个叫倾斜角表示飞机横侧向滚动程度的侧滚角。当两侧翅膀保持相同高度时，倾斜角为 ϕ。机翼的迎角示意图，如图 6-6 所示；飞机结构示意图，如图 6-7 所示；前缘缝翼示意图，如图 6-8 所示。

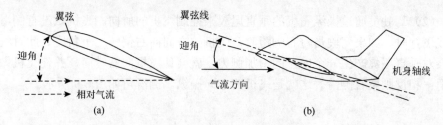

图 6-6 机翼引脚示意图

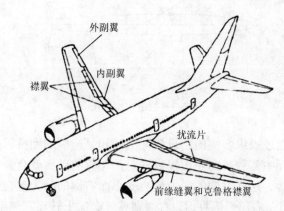

图 6-7 飞机结构示意图

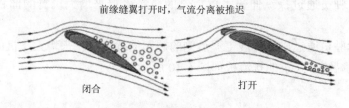

图 6-8 前缘缝翼示意图

2. 飞机的人工控制

飞机的人工控制就是驾驶员手动操纵的主辅飞行操纵系统。这种系统可以是常规的机械操作系统，也可以是电传控制的操纵系统。人工控制主要是针对 5 个方面进行控制的。

（1）驾驶员通过移动驾驶杆来操纵飞机的水平尾翼进而控制飞机的俯仰姿态。当飞行员向后拉驾驶杆时，飞机的水平尾翼就会向上转一个角度，气流就会对水平尾翼产生一个向下的附加升力，飞机的机头就会向上仰起，使得迎角增大。若此时发动机功率不变，则飞机速度相应减小；反之飞行速度增大。这就是飞机的纵向操纵。

（2）驾驶员通过操纵飞机的垂直尾翼来控制飞机的航向。飞机做没有侧滑的直线飞行时，如果驾驶员蹬右脚蹬时，飞机的方向向右偏转一个角度。此时气流就会对垂直尾翼产生一个向左的附加侧力，就会使飞机向右转向，并使飞机做左侧滑；相反则做右侧滑。这就是飞机的方向操纵。侧滑角如图 6-9 所示。

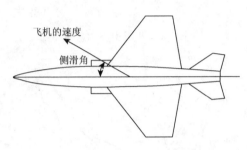

图 6-9　侧滑角示意图

（3）驾驶员通过操纵一侧的副机翼向上转和另一侧的副机翼向下转，而使飞机进行翻滚。飞行中驾驶员向左压操纵杆时，左翼的副翼就会向上转，而右翼的副翼则同时向下转。这样左侧的升力就会变小而右侧的升力就会变大，飞机就会向左产生滚转。当向右压操纵杆时，右侧副翼就会向上转而左侧副翼就会向下转，飞机就会向右产生滚转。这就是飞机的侧向操作。

（4）驾驶员通过操纵伸长主翼后侧的后缘襟翼来增大机翼的面积进而提高升力。

（5）驾驶员通过操纵伸展主翼后侧的翘起的扰流板，来增大飞机的飞行阻力进而使飞机减速。飞机的扰流板如图 6-10 所示。

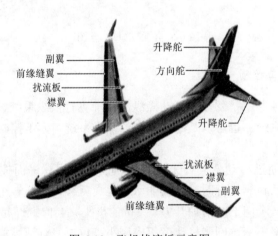

图 6-10　飞机扰流板示意图

3. 飞机中的测量传感系统

飞机的测量传感系统的任务主要包括对飞机高度的测量、速度的测量、角速率的测量、角位移的测量、迎角的测量、侧滑角的测量、飞机前进的线加速度的测量、飞机飞行环境中大气参数的测量。惯性参考系统是飞机上的重要测量依据,它可以是由全姿态组合陀螺仪组成的,或由激光陀螺仪组成,以它为参考可以测出飞机的 3 个姿态角度,即方向角、俯仰角和侧滑角,并可以测量出飞机转弯时的角速率。陀螺仪示意图如图 6-11 所示。

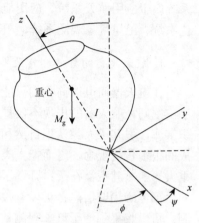

图 6-11　陀螺示意图

4. 飞机自动驾驶仪

飞机自动驾驶仪是一个典型的闭环反馈控制系统,它可以代替驾驶员对飞机的飞行进行控制。如果飞机受到干扰偏离了希望的状态或过程,这时候飞机上的测量仪器就会检测到这种变化,并输出相应的信号,期望过程的参数是根据驾驶员的要求设定的,自动驾驶仪就会自动地比较各个参数的测量值同期望值之间的差别,然后通过计算给出正确的调整信号到相应的执行机构,使得飞机对偏差能够得到很好的校正。本质上说飞机自动驾驶仪是一个可以同时对多个变量进行调整的控制器,也就是一个多输入、多输出的多变量控制器。自动驾驶仪原理如图 6-12 所示。

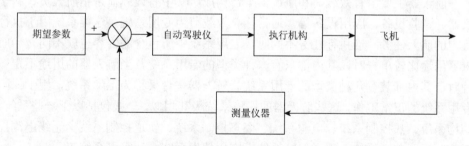

图 6-12　自动驾驶仪原理图

6.2.2　航天系统概述

航天系统(space system)又称航天工程系统,通过完成特定的航天任务来获取一定的信息,是现代典型的复杂大系统。通过以下两种方式获取太空信息:一是通过无线电信道传输到地面接收站点;二是通过专用的返回舱采集信息。

航天器按是否载人可分为载人航天系统和无人航天系统；按执行任务不同可分为军用航天系统和民用航天系统。民用航天系统包括用于科学研究的航天系统和直接为国民经济服务的航天系统。军用航天系统和直接为国民经济服务的航天系统属于应用航天系统。应用航天系统种类繁多，如卫星通信系统、卫星导航定位系统、卫星气象观测系统、卫星侦察系统等。

1. 航天飞行的目的和意义

在航天器问世以前我们只能在地球大气层活动，问世之后我们可以遨游整个宇宙空间，航天器的出现不仅扩大了人类的活动范围，还极大地丰富了人类的知识宝库，引起了人类认识自然和改造自然能力的飞跃，改变了过去基于地面所形成的很多传统观念，进而把人类的视野扩展到宇宙深处，对社会经济生活产生了重大影响。其意义在于：开辟了全波段天文观测的先河，可以接收来自宇宙天体的全部电磁辐射信息；可以直接探测空间环境以及对月球和太阳系行星的逼近观测；可以收集到便于气象观测、军事侦察和资源考察方面的信息；可以进行全球卫星导航和大地测量；可以在航天器上进行各种重要的科学实验研究。

2. 航天系统的组成

航天系统也称为是可以完成特定航天任务的工程系统，它主要有 5 部分组成：航天器发射场、航天器、航天运输系统、航天测控网和应用系统。航天技术就是用于航天系统的综合性工程技术。下面分别介绍航天系统的 5 个组成部分。

1）航天器

航天器主要由有效载荷和航天器平台构成。其中有效载荷是指航天员、科学仪器、试验设备、应用设备等，通常称有效载荷为专用系统，这类系统用于执行特定的航天任务，当执行任务不同时，专用系统中所包含的内容也就不同。当航天器用途比较单一时，其内部只有一种类型的专用系统，当航天器的用途不止一种时，其内部装有几种类型的专用系统。航天器平台又称为保障系统，用于保障专用系统的正常工作，这些航天器的保障系统极其相似，一般包括以下一些系统：结构系统、热控制系统、电源系统、姿态控制系统、轨道控制系统、无线电测控系统、返回着陆系统、生命保障系统、应急救生系统、计算机系统等。

2）航天运输系统

航天运输系统是指往返于地球表面和空间轨道之间以及轨道与轨道之间运输各种有效载荷的运输工具系统的总称。它可分为运载器和运输器两类，其中一次性使用运载火箭的为运载器，那些可以把航天器送入预定轨道的飞行器就可称为运载器；专门为在轨道上的航天器运送人员、装备、物资以及进行维修、更换、补给的飞行器称为运输器，通常由轨道器和推进器组成。

3）航天器发射场

航天器发射场是指发射航天器的特定场区，场内设施配套完整，可以用来装配、储存、检测和发射航天器，测量飞行器的飞行轨道以及通过接收和处理遥测信息来发送控制指令。

4）航天测控网

航天器测控分系统是联系太空和地面的桥梁，它主要由三部分构成：跟踪测量、遥测和遥控。跟踪测量部分可以用来跟踪测量航天器的飞行轨迹；遥测部分是负责探测信息和测量传送航天器的工作状态的；而遥控部分接收传递地面的控制信号。遥测一般分为实时遥测和延时遥测两种，若测量到的数据能立即传输到地面则称为实时遥测；反之，若将测量到的数据储存起来，等到航天器在地面接收站上空时再将数据发回地面称为延时遥测。由于未处理的数据都比较大，增加了数据传输的工作量，航天器在进行数据传输前，需要将数据进行处理、压缩。

5）航天应用系统

航天应用系统装载的各种专业系统和相应的航天地面应用系统是实现航天技术效益的关键技术。航天器上装载的专用系统有：为实现卫星通信而在通信卫星上装载的转发器和通信天线系统，为实现对地观测而在遥感卫星上装载的卫星光学摄影系统、红外及微波遥感系统，为实现空间科学实验而在卫星上装载的科学探测或实验系统，为实现军事应用目的而装载的各种专业系统等。

从上面的叙述可以看出，现代航天技术是一门综合性的工程技术，航天系统是典型的复杂大系统，航天系统的正常运行必然离不开检测、通信、控制的自动化技术。

6.2.3 载人飞船

载人飞船（manned spacecraft）也称宇宙飞船，它是一种可以保障航天员在外层空间执行航天任务然后返回地面的航天器。载人飞船可以独立进行航天活动，也可以和其他航天器或空间站一起联合进行航天活动。但是目前的载人飞船具有一定的局限性，由于它的容积较小，所能装载的物质有限，而且不具备自给的能力，也不能从其他地方获得补给，因而不能重复使用。1961 年世界上第一艘飞船——东方号飞船问世，后来苏联又相继发射了上升号和联盟号飞船。为了追赶世界潮流，美国也致力于载人飞船的研究，相继发射了水星号、双子星号、阿波罗号等载人飞船。载人航天技术的成功发射离不开自动化、通信、控制、传感器等学科的发展，图 6-13 是美国发射的阿波罗载人飞船。

图 6-13 "阿波罗 11 号"飞船发射

6.2.4 航空航天飞机

航空航天飞机（简称空天飞机）是航空技术与航天技术高度结合的飞行器，将把空间开发推向一个新的阶段。因为它的动力装置是一种混合配置（涡轮喷气发动机、冲压发动机和火箭发动机）的动力装置，这使得它比常见的飞机功能强大很多。涡轮喷气发动机用来保障空天飞机水平起飞，当速度超过 40km/min 时，冲压发动机开始工作，使空天飞机保持以 500km/min 的速度飞行，且不能高于离地面 60000m 的大气层；当速度超过额定值时，空天飞机不会围绕地球做圆周运动，而是脱离大气层，像航天飞机一样，直接进入太空轨道；返回大气层后，它可以像普通飞机一样在机场着陆，成为自由往返天地间的输送工具。

空天飞机的优点如下所示。

（1）水平起降，可实现顽强地重复使用，使用和维护费用低，运输成本约为航天飞机或一次性使用火箭——飞船系统的几十分之一。

（2）飞行速度快，在大气层内的飞行马赫数可达到 12～25，是现代作战飞机的 6～12 倍。

（3）可以在一般的大型飞机场起降，无需专用的发射场。

空天飞机的出现将使人们对太空和航空的观念发生革命性变化，将是 21 世纪各国控制空间、争夺子空间的关键装备之一，具有巨大的政治、经济、军事和战略价值，世界上越来越多的国家把目光投向了空天飞机，我国也一直在开展这方面的研究，并有在 2010 年进行首度试验，美国于 2011 年将其所有的航天飞机退役，取而代之的将是新一代的空天飞机和飞船。图 6-14 为美国的 X-43A 试验航天器。

图 6-14　美国的 X-43A 试验航天器

6.2.5　航天飞行器控制

从控制理论和技术的角度，现代飞行控制系统已经覆盖了综合化领域，正向智能化领域发展，并在未来逐步向高级智能化领域发展。随着性能和任务需求的不断扩展驱使各种创新性技术在飞行器控制系统中得以实践和应用，未来飞行控制技术的发展主要包括以下几个方面。

1. 异类控制效应复合控制技术

异类控制效应包括主动气流控制、射流矢量喷管、灵巧材料变形控制、连续气动控制面、反作用控制等。在这方面目前主要研究包括：异类控制效应机理研究；异类执行机构协调控制研究；异类执行机构协调实时智能切换；异类多执行机构复合控制的深层次综合设计。

2. 智能自主飞行控制技术

智能自主控制技术是飞行控制技术的智能化延伸。自学习能力是智能控制的最根本特征，目前航天器智能自主控制理论还远远不能满足自学习的需求。国内学者近期在相关理论方面进行了有益探索，提出了基于特征模型的智能自适应控制、基于自适应动态规划的学习控制方法等，特别是基于特征模型的智能自适应控制，在实际中得到成功应用是大有前途的方法。

3. 损伤自适应容错飞行控制技术

损伤自适应容错飞行控制技术是研究飞行器自身结构和参数变化以及运行环境和任务的不确定性，对飞行控制影响的一种自适应容错飞行控制技术。

4. 飞行控制系统评估与确认技术

飞行控制系统评估与确认技术是针对所有可预测的参数变化或故障，能满足安全性和操作性的飞行器控制系统的评估与确认技术。

5. 新型先进飞行器控制技术

新型先进飞行器控制技术主要包括可靠快速进入空间的控制技术，以及空天飞行自主控制技术等。

6.2.6　航空航天自动化的未来及展望

人类已经在太空中探索了几十年，并取得了一定的成果。世界各国先后研制出 100 多种运载火箭，修建了数十个大型航天发射场，建立了完善的航天测控网，并发射了各类航天器 5000 多个，接近 200 个空间探测器等。自动化技术在其中扮演着一个关键的角色，为了更好地促进航空航天事业发展，对未来自动化技术提出了以下几种发展建议。

（1）模块化结构的自动化装配系统是发展自动化装配技术的关键，其核心技术主要有以下 6 种：自动化装配工装单元技术、自动化加工单元技术、自动化装配系统集成技术、装配自动化检测技术、装配数字化定位技术、数字化装配工艺规划技术等。

（2）未来航空航天飞行器的材料主要选取高质量的复合材料结构。跟普通金属材料相比，复合材料的制作工艺比较复杂，因而在选取复合材料为原材料时，首先应解决复合材料构件装配时的自动修边、壁板自动定位和自动制孔问题。复合材料结构装配时应考虑加液态垫片等措施进行柔性补偿。

（3）先进的装配检测技术是发展自动化装配技术的前提，因此应该重点发展一些检测技术、复合材料自动化无损探伤技术、自动化装配过程在线检测技术等。

（4）航空飞机结构自动化装配的有效实现，要贯彻飞机产品数字化设计/制造一体化的并行工程理念，实现面向制造和面向装配的设计。

6.3　汽车中的自动化技术

目前交通工具形式多种多样，但人们更倾向于使用汽车出行。随着人们生活水平的提高，私家车的数量越来越多，导致车流量很大，尤其是在节假日、上下班的时候更是会出现路网拥堵、安全事故等问题。因此，利用自动化技术改善汽车的行驶性能，提高汽车的安全性、舒适性和易操作性，是我们义不容辞的责任。自动化技术是实现汽车智能化的关键技术，市面上那些各式各样、功能齐全的汽车的设计与研发都离不开自动化技术。

　　智能汽车所应用的技术和我们平时所驾驶的自动汽车相比，完全不是一个技术层面。智能汽车是在当前具有较为完善技术功能基础上进一步发展起来的智能化机器，它不仅能够自动识别路况和道路行驶指示，而且具有对自身车辆运行与驾驶状态的智能识别与评价性能，并能与智能交通进行完美融合。当然，这样的汽车必定具备接近理想化的安全性、舒适性和环保性。

6.3.1　汽车自动控制系统

　　汽车中的自动控制是一种反馈控制，控制器检测到的汽车运行参数，经过计算机处理后发出指令作用在执行器上，执行器得到命令后进而控制或调节汽车的运行状态，同时汽车的运行状态也会作为反馈信号传给传感器，经传感器处理后和输入信号做差值作为控制器的输入。具体操作过程如图 6-15 所示。

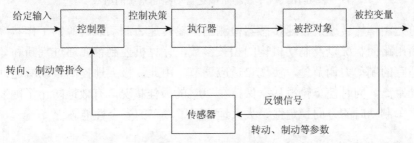

图 6-15　汽车自动控制

　　为了确保汽车能够安全驾驶，许多高档汽车均已配备了安全气囊和碰撞消能装置、ABS 防抱死制动系统、变速器自动控制系统、动力转向自动控制系统等技术。

1. 安全气囊和碰撞消能装置

　　当车辆与其他物体发生碰撞时，安全气囊便会立即打开，缓解了驾驶员因惯性而向前的冲力，这样就有效地减轻了车内人员的受伤程度。但是，这类技术只是缓解了车内人员的受伤程度，并不能完全起到保护作用，还需要进一步的改善。

2. ABS 防抱死制动自动控制系统

　　如果汽车紧急制动，车轮可能会出现"抱死"现象，因为汽车惯性很大，导致其刹车后的冲击力也很大，车轮可能打滑，从而发生侧滑、甩尾，甚至旋转等，容易引发重大交通事故。而装有 ABS 的汽车完全不会出现车轮抱死的现象，这种系统可以加大轮胎与地面间的附着力，增强行驶的稳定性。

汽车制动防抱死自动控制系统（图 6-16）由检测车轮转速的转速传感器、计算机控制单元以及由压力调节器、高速电磁阀和汽车原有的液压或气压的制动系统组成的执行单元机构共同组成。

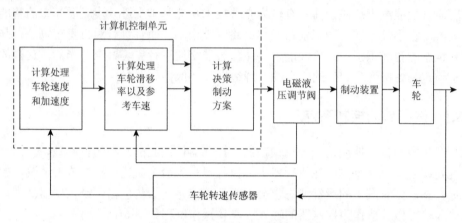

图 6-16　汽车制动防抱死自动控制系统的组成

首先由车轮转速的转速传感器检测出车轮转速、制动装置等的工作状况，准确判断出路面状况以及制动机构的相关参数，计算机控制单元通过判断和计算，给出适宜的制动力调节量，实现自适应调节。由此，极大地提高自动减速，缩短了制动距离，同时使车轮滑移率保持在 20% 的最佳状况，有效地防止了侧滑，提高了汽车制动时的方向稳定性，大大地增强了汽车的安全性能。

3. 变速器自动控制系统

汽车变速器自动控制系统的主要作用是自动变速，除此之外，还包括自动巡航功能、手动变速功能、上坡辅助功能、自动诊断功能、支撑功能以及显示功能等。自动变速器功能的实现得益于以下三个方面：汽车行驶中驾驶员踩下油门的位置恰当；发动机进气歧管的真空度合适；汽车的行驶速度大小刚好。他们能指挥自动换挡系统工作，自动换挡系统通过控制变速齿轮机构中离合器的分离与结合和制动器的制动与释放，改变变速齿轮机构的动力传递路线，实现变速器挡位的变换。

目前有两种自动变速器：一种是传统的液力自动变速器；另外一种是电控液力自动变速器。前者主要根据汽车的行驶速度和节气门开度的变化来实现自动变速挡位。其换挡控制方式是通过机械方式将车速和节气门开度信号转换成控制油压，并将该油压加到换挡阀的两端，以控制换挡阀的位置，从而改变换挡执行元件（离合器和制动器）的油路。这样，工作液压油进入相应的执行元件，使离合器结合或分离，制动器制动或松开，控制行星齿轮变速器的升挡或降挡，从而实现自动变速。后者在液力自动变速器基础上增设电子控制系统而形成。它通过传感器和开关监测汽车和发动机的运行状态，接收驾驶员的指令，并将所获得的信息转换成电信号输入到电控单元。电控单元根据这些信号，通过电磁阀控制液压控制装置的换挡阀，使其打开或关闭通往换挡离合器和制动器的油路，从而控制换挡时刻和挡位的变换，以实现自动变速。

4. 动力转向自动控制系统

动力转向系统是一种通过利用发动机的动力来帮助驾驶员进行转向操纵的装置，它把发动机的能量转换成液压能（电能或气压能），再把液压能（电能或气压能）转换成机械能作用在转向轮上帮助驾驶员进行转向，故应称为动力助力转向系统。它最初主要是为了减小驾驶员施加到方向盘上的转向力而应用到汽车上的。从20 世纪 30 年代开始在汽车上应用动力转向系统。当时，主要是在重型汽车上安装，采用的动力源包括气压和液压。到目前为止，气压动力转向已被淘汰，最广泛应用的是液压动力转向，另外还有刚开始推广应用的电动动力转向。

电控转向系统通常是在传统的液压助力转向系统的基础上增加了电控装置构成的，主要由机械和电控两个部分构成，工作时由计算机通过力矩的计算来控制电动机实施转向。图 6-17 所示为汽车液压式动力转向系统的机械结构部分示意。

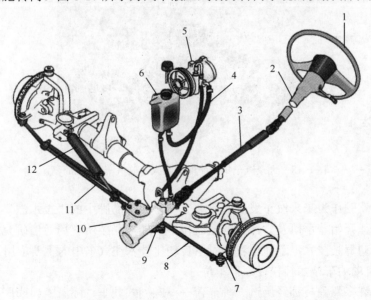

图 6-17　汽车液压式动力转向系统的机械结构部分示意图

注：1-方向盘；2-转向轴；3-转向中间轴；4-转向油管；5-转向油泵；6-转向油罐；7-转向节臂；
8-转向横拉杆；9-转向摇臂；10-整体式转向器；11-转向直拉；12-转向减振器

当驾驶员转动 1 时，9 摆动，通过 11、8、7，使转向轮发生偏转从而改变汽车的行驶方向。在同一时刻，电子控制装置开始动作，使转向器内部的转向控制阀转动，使转向动力缸产生液压作用力，帮助驾驶员完成转向操纵。

6.3.2　汽车先进控制系统

1. 无人驾驶技术

自动化技术在工业制造中的应用已经相对普遍，它为帮助制造业提高效率节省人力做出了巨大的贡献。随着科技的发展，自动化的应用将越来越广，同时不断地向其他领域渗透，其中汽车驾驶自动化就是应用之一。

说到自动化驾驶，大家会想到无人驾驶技术。无人驾驶技术目前已被全球众多车企列为主要研发项目之一。包括奔驰、宝马、福特等在内的多家车企，均已开展匹配无人驾驶技术的试验车进行长途道路测试，并规划在数年内在量产车型中推广。在欧美车企加快无人驾驶技术应用的同时，中国自主车企也已开始涉足这一领域。图 6-18 为大众汽车集团研制的无人驾驶汽车。

图 6-18　大众汽车集团研制的无人驾驶汽车 "Stanley"

无人驾驶作为未来汽车发展的重要方向，自主品牌中的 "技术派" 比亚迪也不甘落后，开始着手研发。比亚迪已经携手新加坡科技研究局通信研究院开始共同研发自动驾驶技术，下面让我们看下自动化技术在汽车中的主要应用。

1）自动泊车技术轻松驶入停车位

相信许多驾驶员都经历过一种痛苦——顺列式驻车，随着人口膨胀，住房越来越紧张，城市停车空间也越来越有限，因而能够将汽车驶入窄小的空间已成为一项必备技能。除了驾龄时间长的人能不费工夫就可以将车停好，很多新手，尤其是女性驾驶员往往要大费周折才能将车停好,如果车停不好可能导致交通阻塞、神经疲惫和保险杠被撞弯等后果。值得一提的是,自动泊车技术(图 6-19)可以有效地解决以上状况。当驾驶员找到一个理想的停车地点时,只需轻轻启动按钮,便可以自动将车停好。这种技术同样适用于主动避撞系统,并最终实现汽车的自动驾驶。

图 6-19　自动泊车

各大汽车制造商为了满足消费者的这种需求,研发了能够自动泊车的汽车。住在农村或郊区的市民也许没有这种烦恼,但是大城市的车主可能每天都不得不面对这些情况。自动泊车技术的成功研制,一定会受到很多消费者的欢迎。

虽然自动泊车技术能实现自动泊车的效果,但是不同的自动泊车系统采用的检测方法也不相同,这是由于感应器的安装位置不同。一种汽车在前后保险杠四周装上感应器,这些感应器具有双重作用,既可以发送信号,也可以接收信号。首先感应器向四周发送信号,当信号碰到障碍物时会反射回来,然后车上的计算机会利用其接收信号所需的时间来确定障碍物的位置。另外一种系统则使用安装在保险杠上的摄像头或雷达来检测障碍物。不论使用哪种方式,最终结果都是一样的:汽车会检测到数据,如停车位的大小以及与路边的距离或是与已停好车辆的距离,自动地采取相应的措施然后将车子驶入停车位。

自动泊车系统工作原理:目前该系统还不能完全实现自动化,汽车移动到障碍物旁边时,系统会根据反应器接收到的信号,计算出驾驶员应该停车的时间,并通过语音提示或 LED 显示屏给驾驶员一个信号,告诉他应该停车的时间。这时驾驶员只需要将前进挡切换为倒挡,稍踩刹车,开始倒车。汽车上的 PC 终端将控制方向盘的转换方向和停车时间,将汽车完全倒入停车位。

汽车自动泊车系统在一定程度上为很多不熟悉停车入库的新手提供了便

利，但是由于技术有限，还不能完全自动泊车，需要驾驶员自行换挡来控制入库的速度。虽然在汽车自动泊车系统的辅助下，驾驶员能有效入库，但也不能马虎大意。随着未来科技的发展，相信不久的将来汽车自动泊车系统一定会迎来全自动时代。

2）ACC 主动巡航自动加减车速

ACC 主动巡航系统（图 6-20）是一套十分方便好用的系统，通过车头前方的雷达，ACC 能够自动探测与前方车辆的距离，在时速 30km 以上时，能够自动与前车维持设定距离，让驾驶员省去对油门和刹车的控制。这个功能目前一些车型可以通过 ACC 主动巡航系统来实现。简单来说，ACC 系统就是在原有的定速巡航系统的基础上加入了可感应与前车距离的传感器，根据传感器反馈的信息，计算机自动控制油门和刹车系统来实现自动的加减车速。

图 6-20　主动巡航自动加减车速

这套系统十分好用，我们在试驾的大部分过程中，都在试用这套系统，使右脚在长时间的行车过程中轻松了不少。另外，有趣的是配合自动车道保持系统，ACC 通过扫描道路两侧的车道线，能够自动沿选定车道行驶，在车辆偏离车道时自动调整方向，让车子回到车道中来。因此，若 ACC 与自动车道保持系统同时开启，车辆基本可以自行在高速公路上行驶。不过自动车道保持系统只会帮助驾驶员调整车道 3 次，之后会警示驾驶员，并将车辆的控制权交还给驾驶员。

ACC 系统由雷达传感器、数字信号处理器和控制模块三个模块组成。驾驶员需要根据自己的行车习惯设定期望的车速，ACC 系统通过雷达传感器或红外线光束可得到四周车辆的确切位置，如果发现前车有减速的倾向，系统就会发送执行信号给发动机或制动系统来降低车速，使车辆和前车保持一个安全的行驶距离，如果发现后车有超车的迹象，系统会给发动机或制动系统一个减速信号，当后车超车成功后会恢复到设定的速度行驶。主动巡航控制系统代替驾驶员控制车速，避免了驾驶员因疲劳驾驶行驶过快引发的交通事故，缓解了驾驶员的疲劳程度，使他们以更轻松的驾驶方式驾驶。

目前 ACC 系统上应用的雷达主要由以下四种组成：单脉冲雷达、毫米波雷达、激光雷达以及红外探测雷达等。前两种雷达是全天候雷达，适用于不同的天气情况，具有探测距离远、探测角度范围大、跟踪目标多等优点。第三种雷达适用于一些对工作环境要求较高的场合，因为这种雷达对天气变化极为敏感，在风雨雪等恶劣天气下，雷达的探测效果不理想，跟踪目标较少，但这种雷达与其他雷达相比具有最明显的价格优势。最后一种雷达仅适用于天气状况良好的条件下，在恶劣天气条件下性能不稳定，探测距离较短，但价格便宜。

不管选取哪种类型的雷达，都应以实时处理雷达信号为前提。但是我们还是普遍利用 DSP 技术来处理雷达信号，通过 CAN 总线输出雷达信号。

3）自动刹车技术临危救急

根据相关事故数据显示，在欧洲 50%的自行车使用者死于与汽车相撞的交通事故，而自动紧急制动系统让汽车追尾事故的数量至少减少了四分之一，同时也降低了交通事故造成的人员伤亡数量（图 6-21）。从 2014 年 1 月开始，欧洲新车评估（Euro-NCAP）将为各个汽车生产厂家的车载主动前部碰撞警示/自动制动技术进行评级，并在其评级表格中显示相关车型的性能优劣级别。

图 6-21 紧急情况自动刹车

带全力自动刹车的行人和自行车探测系统由一个嵌入格栅的雷达、一个安装在车内后视镜前端的摄像头以及一个中央控制单元组成。雷达的功能是探测到汽车前方的物体和距离，而摄像头则探测出物体的类型。双重模式雷达使视野更加宽广，因此能够更早探测到行人和骑自行车的人。高清摄像头能探测到行人和自行车的运动轨迹。中央控制单元则连续不断地监控和分析交通状况。

当汽车在高速行驶时,驾驶员通常有足够的时间来采取措施防止追尾事故的发生(汽车间的距离比较长)。因此,城际紧急制动系统通常是配置了加强型制动装置的前置防碰撞警示系统,该系统具有自动制动功能,其目的就是一旦驾驶员对警示信号没有及时做出反应,汽车也能及时停下来。

4)车道偏移技术行车安全有保障

在国外,车道偏移警示系统已经在很多车型上装备,我们现在熟悉的国外大品牌基本上有配备类似系统的车型,通过组合仪表内的控制灯进行状态显示。如果行驶时偏离了车道,而驾驶员未及时做出反应,系统会根据偏移程度自动修正,同时向驾驶员发出提醒信号。在干预转向过程中,如果车辆已经驶离行车道并且车速降到 60km/h 以下,车道偏移警示系统便通过方向盘的振动提醒驾驶员进行人为干预。汽车正常行驶过程中,如果前方弯道不是很大,通过车道偏移警示系统,方向盘会自动调整行驶方向,使车辆一直保持在车道内行驶不偏离,不需要驾驶员来频繁地操作方向盘。

智能汽车是智能交通系统(intelligent transportation system,ITS)的主体,进入 21 世纪以来,随着生活水平的提高,人类对汽车运行的要求也有所提高,不仅仅是需要一个代步工具,而是需要一个更加便捷、安全舒适、和谐的交通环境。所谓的智能汽车就是因为在普通汽车上加入更多的电子控制系统,大大提高驾驶的安全性和效率。为了满足消费者的需求,日本最近推出了一款既可以手动驾驶也可以完全自动驾驶的智能汽车。当该汽车选择自动模式下驾驶时,驾驶员只需要放松心情坐在驾驶室,车载计算机通过搜索来自各种感应器、传感器、雷达等系统发出的反馈信号来操纵汽车的行驶。另外,这些装置还可以将汽车周围路面状况或车辆信息提供给驾驶员,当遇到紧急情况时会提醒驾驶员提前采取相应的措施,如果驾驶员反应时间过长或是采取了错误的措施,汽车便会发出警告,并自动采取相应的措施,如减速、变换车道等。电子制动系统可以避免因紧急情况而惊慌失措可能带来的不良后果。

2. 智能汽车的自动驾驶系统

汽车智能驾驶系统是一款智能化程度比较高的系统,就像机器人一样,可以根据提前设定好的程序(突发状况)发出不同的指令,能代替人驾驶汽车。要想实现自动驾驶,首先得在汽车前后保险杠及两侧安装红外线摄像机,通过摄像机就可以不停地扫描和监视汽车周围的车辆信息和路况,车内装有计算机等特殊装置对红外线摄像机传来的信号进行分析计算,然后根据实时的道路交通信息,代替人的大脑发出指令,指挥执行系统操作汽车。

3. 夜市系统

由于晚上行驶可见度比较低,看不清路况容易引发交通事故,为此牛津大学发明了一种汽车夜行器,通过本系统即使是在黑暗的情况下行驶,驾驶员可以像在白天一样看得更远更清楚。夜市系统由红外摄像机和光显示系统两部分组成。光显示系统一般安装在挡风玻璃上,正是由于这个光显系统才可以使驾驶员可像白天一样看清路况。这种系统还可以提高驾驶员在雾中行车的辨别能力,而且当出现会车的状况时,它也可以降低前方汽车前灯强光对驾驶员视觉的不良刺激。

4. 汽车智能空调

智能空调系统虽然没有得到广泛的应用,但不久的将来一定能得到消费者的青睐。因为这种系统能根据外界气候条件,自动调节车内的温度、湿度以及空气清洁度,前提是手动设置以上变量的初始值。该系统会通过判断外界的气候条件以及人体的体温来判断是否及时自动打开制冷、加热、去湿及空气净化装置,调节出适宜的车内空气环境。

6.4　智　能　交　通

目前,道路交通运输已经成为人们日常生活中不可缺少的一部分,随着经济的增长,汽车在普通家庭中也寻常可见,对于交通需求也急剧增长,但道路运输也引发了一系列的问题:交通拥堵、交通事故和环境污染等。目前这些问题已引起人们的关注,而智能交通运输系统是缓解这一问题有效方法。20 世纪 60~70 年代智能交通系统开始萌芽,随着社会的发展和技术的进步,先进的信息技术、计算机技术、数据通信技术、传感器技术、电子控制技术、自动控制理论、运筹学、人工智能等将有效地运用于交通运输、服务控制和车辆制造,加强车辆、道路、使用者三者之间的联系,从而形成一种定时、准确、高效的综合运输系统。出行者可以通过智能交通系统的实时传播来获取当时的路况,通过分析做出正确选择,有效地消除道路堵塞的交通隐患;智能交通运输也可以有效缓解环境污染的压力;随着对智能交叉路口和自动驾驶技术的研发,行车安全性有所提高,还大大减少了行驶时间。

6.4.1　智能交通系统子系统

智能交通系统是未来交通系统的发展方向。它是将先进的信息技术、数据通信传输技术、电子传感技术、控制技术及计算机技术等有效地集成运用于整个地面交通管理系统而建立的一种在大范围内、全方位发挥作用的，实时、准确、高效的综合交通运输管理系统。它主要有 4 个子系统。

1. 车辆控制系统

能够给驾驶员提供一些特有功能甚至代替他们自动驾驶汽车的系统称为车辆控制系统。该系统通过在汽车上安装一些测量仪器（雷达或红外线），就能实时为驾驶员分析路况，如果前方畅通无阻就会自动提速，当遇到危险情况时，会自动地发出警报并启动刹车装置，因此被称为"智能汽车"。

2. 车辆管理系统

车辆管理系统的成功应用离不开日益发达的卫星定位系统，它将车载计算机、计算机（集中控制中心）、全球卫星定位系统连为整体，利用网络技术可以实现驾驶员和调度中心的双向通信。目前市面上许多打车软件、公共汽车、商用汽车、出租车等都利用了这一技术，因为该技术利用了卫星定位系统，所以具有通信能力强、应用范围广等特点。

3. 交通监控系统

交通监控系统有一个中央控制器，其功能强大，可以将道路、车辆、驾驶员之间建立通信联系，该系统通过实时监控各个路段的车流量、事故事件等，并将这些信息及时传达给驾驶员，驾驶员就能做出准确的判断，选出最便捷的路线。

4. 旅游信息系统

旅游信息系统的出行更是受到了人们的青睐，当我们外出旅行时它可以给我们提供各种交通信息。早期的旅游信息系统是以路标、电话、电视为媒介的，相当不方便，但随着智能化的发展，我们可以通过手机、平板、无线电、车内显示屏等获取想要的信息，这样只要在有网络的地方，就能得到信息，十分方便。

6.4.2　城市智能交通控制

20 世纪 70 年代以来，随着网络技术的发展，世界各国陆续在大中小城市建设联网信号控制系统，并形成了完善的城市智能交通综合管理系统。智能交通管理系统集众多交通管理功能于一体，它可以实时地进行全面检测并及时预测分析结果，进行主动性交通管理，摆脱被动适应性管理的滞后性。目前，智能公交控制系统由两部分组成：第一个部分"一个平台"即交通共用信息平台，第二个部分"八大系统"包括交通信息采集系统、交通控制系统、网格化机动车识别综合应用系统、干线交通诱导系统、停车诱导系统、交通事件系统、智能交通违章管理系统、闭路电视监控系统。该八大系统包含交通信息采集、交通信息综合平台、应用和服务三个层面，如图 6-22 所示。

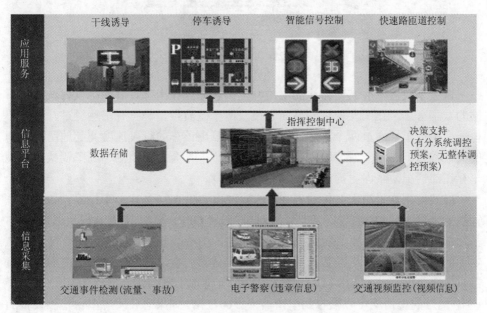

图 6-22 智能交通管理现状示意图

1. 信息采集系统

交通信息采集被认为是 ITS 的关键子系统，是发展 ITS 的基础和实现交通管理智能化的前提。交通动态信息采集广泛应用在交通控制、交通违章管理等系统上，它也是实现交通管理智能化的首要任务。交通信息采集常用的技术有环形线圈、微波、视频、超声波等几种监测技术，其安装方式可以分为埋设式和悬挂式，这里着重讲微波和数字信息采集技术。

1）微波车检器信息采集技术

微波车检器数字双雷达波检测技术（图 6-23）具有定位精确的优点，而且它的发射频率高达 100 万次/s，因为它可以通过跨越遮挡住车辆的树丛、建筑物、隔离护栏、中央隔离带的防眩板等障碍物来检测车辆，从而减少了隔离带对检测精度的影响。另外，它的侧移量仅有 1.8m，能够解决因路窄而检测不到车辆的问题，这种技术的检测范围很广，检测双向 10 个车道的交通数据完全不是问题。

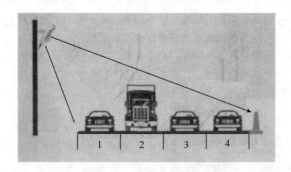

图 6-23　微波车检器探测

微波车检器一般装在路边的电线杆上，它通过在内部设有两个发射波波长不同的数字雷达，在需要检测的路面上投映两个微波带，一旦有车辆经过，微波车检器会根据车辆通过两个雷达的时间差，计算出该车的行驶速度及其他所检测到的交通数据。在同一时间段内，只显示一辆车，不会出现检测不到车辆或有多辆车存在的情况，从而更提高了车辆的检测精度。

微波检测器采用无线传输方式，传输过程如图 6-24 所示。车检器设备首先进行数据采集，经过本地数据处理后，数据传送给 GPRS 模块，GPRS 模块通过 GMS 基站和移动信息服务中心将数据传送到本地的中心控制室。设备的 RS232 接口与本地的控制中心通过无线数据通道进行数据传输，在进行数据传输之前需要车检器设备采集终端的 GPRS 模块配置成控制中心的固定 IP 地址，控制中心中配置了该 IP 地址的机器就可以接收到车检器采集的数据。如果想要实现多台检测设备的监控管理，只需要将这几台设备采集终端的 GPRS 模块都配置成控制中心的 IP 地

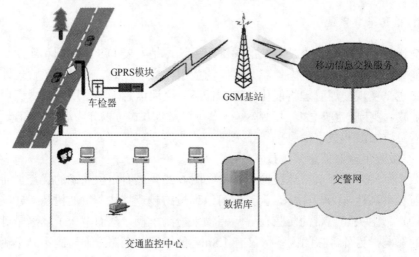

图 6-24　无线传输方式

址即可。如果想要实现 3 台检测设备的监控，需要将这 3 台终端的 GPRS 模块的 IP 改成控制中心的 IP 地址。

2）数字摄像机监控技术

数字视频监控系统是一种新型监控系统，它将计算机作为控制中心，以数字视频处理技术为基础，综合利用图像传感器、计算机网络、自动控制和人工智能等技术将采集到的图像数据压缩到国际标准。为了方便计算机处理，需要将模拟信号变为数字信号，一种方法是将摄像机捕获的模拟视频信号由数字视频监控装置转变为数字视频信号，另外一种方法是由数字摄像机直接输出数字视频信号。数字视频监控系统具有远程视频传输与回放、自动异常检测与报警、结构化的视频数据存储等功能。目前数字摄像机已开始在许多国家推广应用，并且它在图像采集、数据传输、数据处理、基本控制功能等方面的技术已经很成熟，被许多类似产品采用。在数字化信息时代，传统模拟摄像机终将被数字摄像机替代，最重要的一点是利用数字摄像机取得的工程及图片效果明显优于模拟摄像机加图像采集卡，如图 6-25 所示。

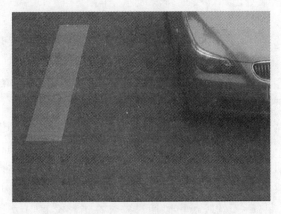

图 6-25　摄像头捕捉

2. 通信息传输与 GPS 导航

信息传输主要是现场设备和应用设备之间的信息交换等，常常还涉及与智能交通相关的国家和国际信息系统的信息交换。信息传输采用的主要通信方式有三种：模拟信息传输、数字信息传输、无线信息传输。

GPS 系统是由空间星座、地面监控和用户设备三部分组成。GPS 可以应用在道路工程、巡更、导航等方面，最初只是飞机导航，后来也扩展到船舶、汽车导航和交通管理中来。汽车导航系统作为一门新兴技术，它主要由以下六部分组成：GPS 导航、自律导航、微处理器、车速传感器、陀螺传感器、显示器。

GPS 导航根据接收的卫星信号，可以得到该点准确位置，如获得经纬度、速度、时间等信息。一般利用差分 GPS 技术来提高汽车导航定位的精确度。当汽车行驶到地下大桥、隧道、公路、高楼等遮掩物下卫星无法定位时，系统可自动导入自律导航系统，利用车速传感器检测出当前汽车的行驶进度，经过微处理单元的数据处理后，计算出汽车前进的距离。另外，陀螺传感器还能直接监测出前进的方向，并自动存储各种数据。

3. 交通综合信息平台

交通综合信息平台（comprehensive transport information platform，CTIP）是整合交通运输系统信息资源，按一定标准规范完成多源异构数据的接入、存储、处理、交换、分发等功能，并面向应用服务，从而为实现部门间信息共享、各相关部门制订交通运输组织与控制方案和科学决策，以及面向公众开展交通综合信息服务、提供数据支持的大型综合性信息集成系统。信息平台将在区域交通运输系统中起到下列重要作用：信息共享交换枢纽、数据分析处理中心、数据应用支持平台、公众信息服务窗口、交通资源展示空间。

6.4.3　智能公路

智能公路（图 6-26）体系的灵魂是各种信息设备，核心是传输技术。它由监测器、数据搜集器、中心计算机、电子显厅牌和闪光灯等构成，是一种利用高科技来缓解交通堵塞压力的现代化交通管理系统。通过在公路两边装上监测器（环状通电线圈构成），检测出驶过它的车流量的大小，然后将车流信息传送给中心计算机，中心计算机就会根据车流信息，短时间内计算出最佳控制模式，智能调节红绿灯时间。如果检测到当前路段比较拥挤，红灯时间会适当延长；相反，若比较畅通，则绿灯时间延长。驾驶员可以通过安装在道路交叉口边上的 LED 显示灯，了解各个路段的交通情况和红绿灯的时间，来选取最佳行驶路线。

图 6-26　智能公路示意图

虽然智能公路的前景比较美好，但是由于理论和实践基础体系还不够完善，它也是难度系数最高的系统。其中，自动驾驶技术是世界车辆工程及自动控制领域的研究前沿。

6.4.4　不停车收费系统

世界上最先进的收费系统——电子不停车收费系统，简称 ETC，是智能交通系统的服务功能之一。这种系统的优点是：在收费站或道口进行收费时，不需要停车缴费，它能够自动扣取相应费用。尤其是在节假日高峰期，应用这种系统可以缓解交通压力。

当使用该系统时，车主需要在车窗上安装相应的感应卡并提前预存一笔费用，每当车辆经过收费站时费用便会扣除，就像公交卡一样。但是这种收费系统有一定的局限性，只能以低速通过，否则传感器无法感知车上的感应卡，其构成如图 6-27 所示。

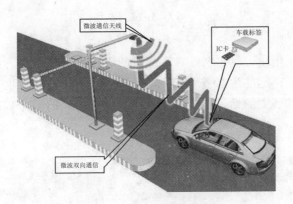

图 6-27　不停车收费系统构成

其中安装在车上的感应卡（IC 卡）已存储了相关车辆的信息，如车主、车型、车牌号等信息。当车辆驶到监测点，传感器检测 IC 卡上的信息，经处理后以无线数据交换方式实现收费计算机与 IC 卡的远程数据存取功能。计算机获取到信息后便会按照既定的收费标准，从 IC 卡中扣除本次道路使用通行费。

第7章 生命支持系统

生命支持系统以有机界为一方（包括植物、动物、微生物及人类社会），以无生命的自然界为一方（包括太阳能、地热能、大气、水、土壤、岩石，以及由它们的相互作用而形成的生成物、中间产物、组合环境和条件），二者互相依赖、互相影响、互相渗透的共存、相克、互补、对立、转化、协调等的耦合关系，共同构成了生命支持系统的基本骨架。内容大致包括：无机界的要素组合匹配与要素组合条件能够提供给生命界生存与发展的能力，主要强调无机界的贡献大小；生命界在其生存发展过程中，对无机界的影响和调节，主要强调生命界的改造作用；二者相互作用的综合特征描述，主要强调耦合。

7.1 农业系统控制

与传统农业相比，现代农业具有先进的现代科学技术，而且现代工业为社会化农业提供了充足的生产资料和科学管理方法。如果以农业生产力性质和水平来划分农业发展史的话，现代农业属于农业的最新阶段。如图7-1所示为水稻自动化收割。

图 7-1 水稻自动化收割

农业现代化的重要标志之一是利用自动化技术实现农业生产和管理的自动化。传统农业以人力和畜力为主，生产效率比较低，而农业的现代化基本实现了以机械动力和电力为主要生产工具，生产效率大大提高。改革开放以来，随着我国经济的发展，农业逐渐推广应用自动控制、电子计算机、系统工程、遥感等技术，实现部分生产作业和管理自动化，获得了提高作业质量、效率和安全、省力等的效果。现代农业主要包括耕耘、栽培、收割、运输、排灌、作物管理、禽畜饲养等过程和温室的自动控制和最优管理。

1. 播种、栽培、收割和运输自动控制

目前大型自动联合收割机已经在农村得到广泛的应用，这种机器可以一边收割成熟的农作物，一边翻耕土壤播种，实现了现代农业的半自动控制，未来的农业将利用先进的科学技术、自动快速挂接、自动监视和排除故障。无人驾驶拖拉机和遥控机组也经过了局部实验。

2. 农作物自动管理系统

作物自动管理系统应用了电子计算机技术，只需要将农作物的生长数据记录在计算机中，该系统会根据农作物的生长特点综合分析生态环境诸因素的影响，制订经济效益最大化的管理方案。例如，根据不同区域土壤养分的差异选取适宜种植的作物品种，综合分析出作物的最佳播种时间、数量等。20 世纪 70 年代以来，农业生产和管理中逐渐使用遥感技术和系统工程。

3. 饲养自动化

饲养自动化系统以电子计算机为其核心，当我们把家禽的品种、体重、食量等数据录入计算机中时，它就能自动选择符合禽畜生长要求、成本最低、利益最大化的配方。例如，养鸡场利用电子计算机进行饲料配方，还可以对养鸡场的温度、湿度、照明，甚至取蛋、清粪等进行自动控制，不仅可以减少不必要的劳动力，还可以提高鸡的产蛋率，扩大经济效益。

自从工业革命以来，国内外农业都在迅速发展，尤其是国外已经逐步实现了农业自动化。之前自动化控制技术都是应用在工业上，现正逐步应用于农业机械上，许多国家已经把计算机控制、信息技术和传感器等现代尖端技术加入农业机械。甚至有的国家已经研制出可以播种、施肥、嫁接等作业的机器人，大大减少了劳动力。如图 7-2 所示为土壤成分分析装置。

由于历史等各方面的原因，我国农机自动化现状与国外一些国家还有很大距离。改革开放以来，我国自动化的发展有了长足的进步，在农业机械自动化方面也取得了一定的成就。比如把计算机、微处理器、传感器、信息处理等技术融合在一起，应用于农业生产，在很大程度上降低了生产成本，从而提高了农业生产效益。

图 7-2 土壤成分分析装置

7.1.1 农业机械自动化控制

自动化技术使农业机械的操作更加方便，性能得到大幅度提高。

1. 拖拉机

现已经将机械液压式 3 点连接的位调节和力调节系统装置广泛应用在农用拖拉机上（图 7-3）。高水平及耕深自动控制系统可以提高拖拉机的旋耕机的作业精度。水平控制系统能消除地面不平整的影响，使旋耕机左右水平；旋耕机作业时通过耕深控制系统可以减小耕深与设定值之间的误差。施肥播种机根据检测拖拉机的行驶速度和种子粒数，确定符合要求的播种量。

图 7-3 拖拉机

2. 联合收割机

联合收割机也称为谷物联合收割机（图 7-4），它是一种专门收割农作物的装置。在联合收割机问世以前，农夫必须人工完成收割、脱粒等工序才能收获农作物。在其问世以后，只需要一台联合收割机就可以一次完成谷类作物的收割、脱粒、分离茎秆、清除杂余物等工序，从而节省了人力物力，大大减轻了农民的负担。拔禾轮自动控制装置会根据农作物（谷穗、麦穗）的生长状态，来确定割茬高度和脱粒机的喂入量，利用谷物风机和分离系统即可将谷粒分离出来。

图 7-4　多功能谷物联合收割机结构图

3. 谷物干燥机

我国一般采用自然风干的方式来减少农作物中的水分，但是如果在谷物收获的季节碰上阴雨天气，来不及风干的谷粒很可能因水分含量高而发霉，甚至发芽。为此，正在致力于研究一种谷物干燥机（图 7-5），通过采取一定的工艺和措施，在保证农作物品质的前提下，降低谷物中的含水量。这种机器的优点是我们可以

图 7-5　批式横流循环谷物干燥机

人为设置舱内的温度、湿度等条件而不受外界条件干扰；还能在停电或干燥机过热引起火灾时自动切断燃料供给。

4. 喷雾机

喷雾机是一种施药机械，在传统农业中一般使用人力驱动的喷雾器，像美国等一些发达国家一般使用动力（发动机、电动机）驱动的喷雾机，大大减轻了农民的负担（图 7-6）。随着农业机械自动化程度的提高，动力驱动的喷雾机可以根据以下几种情况自动设置喷雾量或者是喷雾高度：根据作物高度自动控制喷雾高度；根据喷雾机行驶速度自动控制喷雾量；根据农作物形状和大小自动控制喷雾量和喷雾压力；根据作物行间杂草的数量来自动控制喷药开关和喷药量。

图 7-6　喷杆式喷雾机

中国是农业大国，农业是中国经济的支柱。随着现代科学技术的进步，自动化控制技术在农业中的应用也越来越多。农业系统自动化能够大大提高劳动生产率并减少人类工作量。中国人均耕地面积远远低于世界平均水平，随着环境的恶化，中国的耕地面积日益减少，农业必须进一步提高生产率、降低生产成本。因此，农业系统必然向着机械化和自动化比较高的方向发展。

农业机械和装置的操作或工作过程如果不依靠人的控制而自动进行控制的装置称为农业机械自动化。早在 1936 年，弗格森就发明了世界上最早的农业机械自动化装置，并且在今天的大中型拖拉机上仍在使用。该装置可以通过控制油压升降作用来改变耕种的深度，使其保持在一定的水平。

农业机械的自动控制装置如果按输入/输出方式来划分的话，大体可以分为两类：一类是单输入/单输出式的，目前应用比较多，但是功能比较单一；另一类就是已经成功研制出多种多输入/多输出自动化控制装置，这类装置虽然还没有得到普及，但必将大大提高农业机械的自动化水平。目前的农业机械自动化大致可以分为以下两类。

1）无人的自动操作

对已有的农业机械及装置实行无人的自动操作适用于操作简单或长时间重复单调动作的作业中，也有用在对人有一定危险性的作业中。如用无线遥控操纵拖拉机或联合收割机进行作业；用计算机编程实现拖拉机的自动行驶控制、自动耕深、耕宽或作物行列数检测，达到自动完成作业的目的；能使干燥机等装置自动完成作业任务的机械及装置。

2）农业机器人

这是一种能感觉并适应农作物种类或者环境变化来完成作业的新一代无人自动化机械。它可以由多种不同的程序软件控制，具有很强的扩展性。同时具有检测和演算等人工智能的功能。

农业机械化是农业现代化中不可或缺的重要组成部分，随着社会的进步，农业机械化的生产也要逐渐实现机械自动化。农业机械以复杂多样的农作物、土壤和农产品为作业对象。在使用自动控制技术时必须要考虑这些对象的各种特性，这使得在开发过程中对相应传感器和自动化装置的耐久性和可靠性要求非常高。农业机械实现自动化具有以下几方面的作用：可以有效地提高农业生产效率和农产品品质；节约资源，降低农业生产成本；增强农产品的国际竞争力等。因此，农业的机械化自动化生产必将在未来的农业生产中起核心的作用。

随着自动化控制、集成电路等技术的迅速发展，农业机械自动化向着更加智能的无人操作和农业机器人方向发展，未来的农业将会发展成为密集型产业。如图 7-7 所示为农药喷洒机器人。

图 7-7　农药喷洒机器人

7.1.2　灌溉自动控制技术

灌溉自动控制技术是实现水资源高效利用的重要手段之一。该技术通过利用电子计算机等新技术，可以动态管理灌溉的用水量，有效发展精准农业。与发达国家相比，我国的灌溉自动化技术还不够完善，尤其是在微灌技术领域，目前我国正在研究和完善自动灌溉设备，并总结出了一套适合我国国情的微灌计算方法和设计参数。在自动灌溉系统中应用了各种传感器（温度、压力、液位、土壤、雨量等）和发射器。这种系统的优点是可以按一定轮灌顺序自动打开和关闭水泵，哪些地方干旱需要灌溉，就打开相应地段的水泵，当水量充足时就关闭水泵，提高了水资源的利用率，减少了农业成本。

美国等发达国家的农业灌溉已经普遍使用了无线电遥控喷灌装置。这种装置由发射器和接收器两部分组成。发射装置类似于一个遥控器，体积小重量轻，便于携带，而接收装置则安装在排灌用的电动机上。自动灌溉系统目前有两种：一种是半自动的，当农田出现旱象时，农主在干旱地段用无线电装置发出控制喷水的信号，控制电动机和水泵喷灌。如果喷灌水量达到要求时再发出停止灌水的控制信号即可。另一种是全自动的，不需要管理人员的参与，自动灌溉系统根据稻田水分蒸发情况自动判断是供水还是停水。

7.1.3　自动化在精准农业中的应用

所谓精准农业是指在传统农业与农业装备技术的基础上，运用高新技术对农业生产进行管理。与传统农业相比，精准农业的先进之处在于应用了计算机控制技术、地理信息技术、全球定位系统和专家与决策知识系统等高新技术，选取最适合农作物生长的土壤，配制出最佳的耕种方案，做到了"精耕细作"。把通信技术与电子技术、微电子技术相结合，对农业实行自动化监控和管理非常必要。

我国农业自动化已在农业设施中得到一定的发展，如农业机械装置自动化、排灌机械自动化、温室自动化控制等方面，精准农业的发展也越来越受到关注。在自动控制、电子和计算机技术的迅猛发展的推动下，农业机械不断向着自动化和智能化的方向发展。21 世纪，人工智能将是农业发展的重点，各种智能化系统和农业机器人将在农业自动化控制中不断涌现。不断推动和实现农业自动化，是农业自动化工程技术工作者所面临的长期课题。农业生产必然向着自动化控制的方向发展。

7.2　智能农业

智能农业（或称工厂化农业），是指在相对可控的环境条件下，采用工业化生产，实现集约高效可持续发展的现代超前农业生产方式，就是农业先进设施与陆地相配套、具有高度的技术规范和高效益的集约化规模经营的生产方式。它集科研、生产、加工、销售于一体，实现周年性、全天候、反季节的企业化规模生产；它集成现代生物技术、农业工程、农用新材料等学科，以现代化农业设施为依托，科技含量高，产品附加值高，土地产出率高和劳动生产率高，是我国农业新技术革命的跨世纪工程。

智能农业产品通过实时采集温室内温度、土壤温度、CO_2 浓度、湿度信号以及光照、叶面湿度、露点温度等环境参数，自动开启或者关闭指定设备。可以根据用户需求，随时进行处理，为实施农业综合生态信息自动监测，为环境进行自动控制和智能化管理提供科学依据。通过模块采集温度传感器等信号，经由无线信号收发模块传输数据，实现对大棚温湿度的远程控制。智能农业还包括智能粮库系统，该系统通过将粮库内温湿度变化的感知与计算机或手机的连接进行实时观察，记录现场情况以保证粮库的温湿度平衡。

7.2.1　温室自动控制与管理系统

温室的控制和管理系统以电子计算机为核心，是农业自动化中发展较快的领域。温室控制与管理系统主要由传感器、控制器计算机和相应的控制系统组成。这个温室系统能自动调节农作物所需要的生长条件，如阳光、水分、肥料、CO_2 浓度等，给农作物提供一个最优的生长环境，促进植物的光合作用和呼吸作用以及一些能量转换等生理活动。它的主要功能是进行环境控制、温室数据和植物体响应数据识别、控制算法和设定值的决定、温室管理等。自动控制和电子计算机也用于蔬菜生产的工厂化和无土栽培等方面。

7.2.2　智能农业生态系统

自动化技术是一门结合了控制理论、系统工程、信息论、电子学、计算机技术、液压气压技术等多门学科和技术的综合技术。而其中对自动化技术影响最大是控制理论和计算机技术。在自动化技术的不断发展下，其在生态系统保护方面的影响也越来越大。

1. 垃圾处理

随着经济的飞速发展和人民生活水平日益提高，我国对环境质量的要求也越来越高。目前在我国已大力展开对环境污染自动监测和治理、垃圾的自动分类和处理以及再利用，这些都是生态环境保护的重要内容。现在我国在理论上和实践上都取得了重大成果。自动化控制在垃圾的分类和处理以及再利用方面有着无可替代的作用。自动化在生态保护方面，尤其是垃圾处理方面的研究不仅有重大的理论意义，同时也有很大的实际应用价值。

社会和科技的不断进步与发展，在促进我国国民经济的发展和人民生活水平提高的同时，也加大了垃圾的产量。据相关统计，我国大约有三分之二的城市存在垃圾围城的问题，垃圾处理效率和能力非常低。随处可见的垃圾已经严重污染了我们日益生存的环境，如何有效地解决垃圾污染问题是我们当前主要的任务。现在主要有三种处理垃圾的方法：焚烧、填埋、堆肥。其中焚烧技术因其具有显著的减容能力和稳定无害化的效果得到了较快发展。焚烧是通过燃烧垃圾把垃圾转换成为燃烧气体释放掉，产生一些无害固体残渣。但是如果焚烧过程控制不好，容易引发二次污染。因此垃圾焚烧过程的自动控制所要达到的目的是让垃圾充分燃烧，尽可能减少二次污染，同时对燃烧产生的热量进行充分利用。国内外都积极在垃圾焚烧过程的自动化控制方面进行研究，并且已经取得了一定的成效。由于垃圾组成成分复杂多变，质量、形状等又千差万别，且热值和湿度等变化也很大，燃烧过程本身又有很大的滞后性。因此垃圾焚烧过程一般是复杂的大滞后的非线性系统，往往输入/输出不止一个。目前垃圾焚烧过程多采用以常规 PID 控制与智能控制结合的自动控制方案。图 7-8 为垃圾焚烧处理流程图。

2. 秸秆处理

所谓的农作物秸秆是一些含纤维成分很高的作物残留物，像小麦、水稻、玉米、棉花、芝麻等多种作物的秸秆如果直接焚烧不仅污染环境还浪费资源。另外，我国的秸秆资源非常丰富，仅主要的作物秸秆就有 20 种左右，每年的产量也很大，大约在 10 万吨以上。目前秸秆处理的方式大致分为 3 种：一是随意丢弃和无控焚烧，二是未经任何处理直接用于肥料、燃料和饲料的传统应用模式，三是通过处理后用于肥料、燃料和饲料。早前，我国农村主要通过焚烧来处置闲置的秸秆，但这种方式既浪费资源又污染环境，现在已逐渐被其他两种处理方式取代。未处理的秸秆用于肥料、燃料和饲料的方式制约着秸秆利用率、转化率和经济效益。因此，为了提高秸秆的利用率和转化率，提出了第三种处理方式。

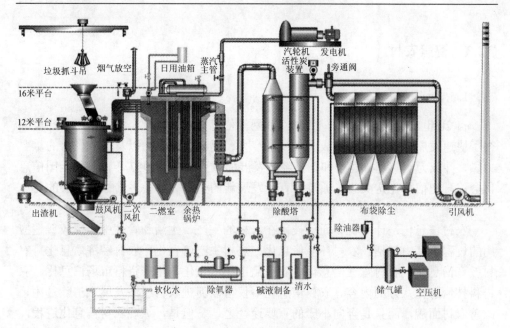

图 7-8　垃圾焚烧处理流程图

　　秸秆压块机（图 7-9）是把秸秆等生物质原料粉碎压缩制成高效、环保燃料或饲料的设备。秸秆压块机压出的产品是用来做饲料或燃料的。秸秆压块机具有自动化程度高、产量高、价格低、耗电少、操作简单、环境无污染等优点。因而秸秆压块机可广泛应用压制各种农作物秸秆和小树枝等生物质原料。

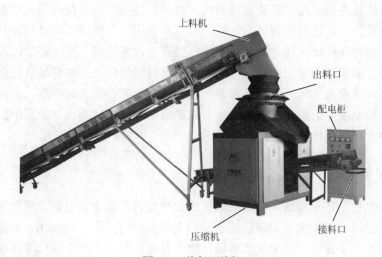

图 7-9　秸秆压块机

7.2.3　智慧农村

1. 农村信息化

自 20 世纪 90 年代以来，随着互联网等信息技术的普及，我国信息化建设取得了快速发展。信息化已经成为发展生产力、提高经济实力以及竞争优势的重要力量，并成为国防基础建设和国民经济发展的重要基础。1997 年，首届全国信息化会议，把信息化定义为：通过培育、发展新的生产力并使之造福于社会的历史进程。

农村信息化是计算机和通信技术在农村的生产、生活和管理中实现较普遍应用的过程。其中包括：农村环境信息化、农村生产信息化、农村经济信息化、农村教育信息化、农村管理信息化、农产品市场信息化、生产资料市场信息化、农村科技信息化八方面内容。农村信息化不仅可以促进农村经济发展、消除贫困、改善农村面貌，而且是奔向小康的重要途径之一。但是，纵观农村信息化进程，我们会发现，在中国，大多数农村的经济发展水平仍然是落后的，生活仍处于较贫困的局面。因此，如何推进与提高农村信息化发展水平，已经成了摆在政府面前的一件重要大事。

农村信息化是工业信息化与社会信息化的重要组成部分，它不仅包括农业信息技术，而且还包括光电、通信、微电子等技术在农村生产、生活和管理等方面系统且普遍应用的过程。

农村信息化是通过加强计算机网络、农村广播电视网络及电信网络等信息基础设施建设，构建信息服务体系，充分开发和利用信息资源，促进知识共享和信息交流，使得现代信息技术在农村的生产经营、政务管理、生活消费以及公共服务等各个方面实现普遍应用的程度与过程。农村信息化是在农村经济达到一定发展阶段、农民收入达到一定经济水平、农民素质达到一定文化程度，并在相应信息化标准和制度等信息化发展环境逐渐成熟后，顺应时代潮流，把握信息脉搏，加速迈向农村现代化的必然过程与要求。

2. 智慧农村

智慧农村是基于物联网技术的现代新农村建设，依靠目前最先进的物联网技术，针对我国农村发展普遍滞后的状况，实现农村科技化、现代化、智能化的目标，从而进一步提高农民的生活质量并建立农民自有的智能生活标准体系。

智慧农村由智能农业、智能农村电网、智能农村交通、智能农村家居四大主要部分组成。

1）智能农业

农业是农村的重要部分，智能农业也是智慧农村的重要部分。因此，智能农业建设有助于推进国家农业的健康稳步发展。智能农业主要包括资源综合利用、生产精细化管理、农产品质量安全、农产品溯源、生产养殖环境监控等。而智能农业建设，应重点以"着力抓优势，着重促发展"为目标，针对不同的农村区域位置，不同的优势产业，重点提升优势产业智能化。不仅如此，还应该以"以小促大，多产业联合发展"为目标，发展智能农业，进而实现农业智能化发展道路。

2）智能农村电网

智能电网主要包括智能变电站、自动化配网、智能调度、智能用电、远程抄表、电力设施监测、建设安全稳定以及可靠的智能电力网络等内容。农村作为电网的最基层，具有线路混乱、结构复杂、供电可靠性低、电能质量差、损耗高等特点。智能农村电网建设应该根据不同区域（县城、城郊和农村）的实际情况，建立起适合不同区域的供配电模式，着重解决农村供电可靠性低及损耗高等弱点，重点推进智能农村电网建设，确保解决农民的实际问题。

3）智能农村交通

智能交通主要包括车辆定位与调度、交通状态感知与交换、车辆远程监测与服务、车路协调控制、交通诱导与智能化管控以及综合开放的智能交通平台等。伴随着我国"村村通"战略的实施，差不多所有农村的交通问题都解决了，面对复杂的农村道路状况和日益增长的车辆消费，农村城市化的推进及城镇一体化等一系列问题，农村的交通智能化已变得不容忽视。

4）智能农村家居

智能家居主要包括家电智能控制、家庭安防、家庭网络、节约低碳环保、能源智能计量、远程在线教育等部分。随着社会主义新农村建设的战略实施，越来越多的农村基本上实现了小康，奔向了富裕。农村人口基数大，发展潜力也大，因此农村智能家居的发展前景让人充满期待。针对不同地区的生活习惯，相配套的农村智能家居会变得备受欢迎。家电智能控制、家庭安防、家庭网络、远程在线教育等，都是农村智能家居建设的重要组成部分。

7.3 生物医学自动化

生物医学自动化的良好运行取决于人员、设备和管理方法。早期的生物医学过程需要手工进行样品前处理，整合方式较为固定，免疫测定耗时较长，在一些检测环节上的速度较慢，进而影响整体速度。随着自动化的发展，医学与自动化的交融性越发明显，基于自动化技术实现的生物医学技术受到越来越多的关注，并已投入实际之中。

7.3.1　生物医学自动化的发展历程

从新中国成立到现在，我国的生物医学教育有很大发展和变化。从 20 世纪 50 年代初期首先在卫校中开设医学专业，到逐步在高等医学院校设医学专业本科教学、硕士教学、博士教学，培养了大批的医学人才。目前，生物医学专业已成为热门专业，每年都有很多考生报考医学专业。

从 1978 年开始，医学仪器得到大量引进和运用，使医学实现了自动化、微量化、标准化，结果更加快速、客观、准确。21 世纪是生物医学发展的转折点，我们必须紧跟时代的步伐，努力发展和加强生物医学自动化技术。集成电路、光导纤维、电子计算机、人工智能以及互联网将实现实验室之间，实验室与临床、医院、图书馆之间，市内、国内、国际的信息交流，远程教育、实验室诊断系统将得到广泛的利用，实现信息共享为目的的信息系统已是必然趋势。

随着计算机技术和现代检验学的发展，会大大提高工作效率。由于芯片技术、化学测定技术的发展，各种微型便携带式分析仪器也会不断增多，给患者和家庭使用带来极大便利。提高检验人才素质未来的检验医学应根据社会和检验医学发展的需要，培养适应新时代的高素质检验人才。立足专业需要，转变教育模式。现代医学检验，靠的是先进的技术和仪器设备，检验人员不仅要熟练利用自动化仪器提供可靠的实验数据，更重要的是能对实验结果做出相应的分析解释，正确有效地将实验资源转化为更高层次的临床信息。必须有基础教育观，培养基础扎实而宽广的检验人才。增加基础医学和临床医学知识的学习，加强或增设生物医学工程、计算机语言及应用专业英语，现代检验仪器的应用及实验室管理等知识培训，加强人文社会科学的培训，拓宽专业口径，增强检验人员的创新能力和适应能力，从根本上促进检验医学的发展，适应现代化检验发展和挑战。

7.3.2　医学自动化目前的常见问题

目前我国的生物医学自动化程度与发达国家相比有较大差距，还不能完全适应未来医学发展需要，存在主要问题是：检验医学没形成完整的理论体系。近年来，我们注重“硬件”建设，对检验医学理论研究重视不够，未形成有自己特色的新的理论体系，与其他学科的交流融合不够，人员科研意识淡薄，科研能力较低，阻碍了发展。卫生资源没有合理利用。目前在医院中，很多临床科室都设立了自己的小型化验室，造成机构设置重复，检验队伍力量分散，不能形成应有的"合力"。

随着自动化技术的普及，对仪器的依赖过大，不重视室内质控，测量结果准确度差。人员素质存在问题，现在医学人员受教育程度不高，在乡镇医院中，高级医学人才严重缺乏，不利于生物医学自动化方向上的发展和应用，也严重影响了临床医疗工作质量。

7.3.3　自动化在医学中的应用

案例一：基于自动控制原理实现的人工胰脏控制系统

由于饮食习惯和激素水平的周期性，糖尿病患者的血糖-饮食-胰岛素动态以及以 24 小时为周期具有较好的重复性。采用直接型迭代学习控制法保证血糖安全稳定地收敛到参考轨迹。

1. 虚拟患者的 ARX 模型

为某虚拟患者设计控制律，需要得到该患者的简单模型。在临床中，胰岛素输注速率、血糖浓度是可以利用的数据。采用 ARX 模型描述胰岛素和血糖之间的关系。为方便引入下列几号：输入胰岛素输注速率用 $u(t, k)$ 表示；输出是血糖浓度，用 $y(t, k)$ 来表示；k 为天数的标号；t 表示 k 天的 t 时刻。采用周期为 5min，k 的值为 $\{1, 2, 3, 4\cdots\}$，而 t 的范围 $\{1, 2, \cdots, 288\}$。

为了清楚地表示变量在时间方向和批次方向上的变化，引入下列标号：

$$\begin{cases} \delta_T \xi(t,k) \overset{\text{def}}{=} \xi(t,k) - \xi(t-1,k) \\ \delta_K \xi(t,k) \overset{\text{def}}{=} \xi(t,k) - \xi(t,k-1) \end{cases} \tag{7-1}$$

式中，$\delta_T \xi$ 表示 ξ 在时间方向的变化；$\delta_K \xi$ 表示 ξ 在批次方向的变化。

由于胰岛素输注是一个阶跃变换，因此 $\delta_K u(t,k)$ 设计为一个阶跃信号，$\delta_K y(t,k)$ 可理解为阶跃响应，利用阶跃响应的辨识方法，得到描述它们之间关系的 ARX 模型是

$$A(z^{-1})\delta_K y(t,k) = B(z^{-1})\delta_K u(t-nd,k) + w(t,k) \tag{7-2}$$

2. 迭代学习控制

血糖-饮食-胰岛素动态可以看作批次过程，因此迭代学习控制可以发掘过程

的重复型。以下是迭代控制算法：

$$u(t,k) = u(t,k-1) + r(t,k) \tag{7-3}$$

迭代学习控制可以在两个方向上同时更新，其更新律通常采用 P 型迭代学习控制，基于二维系统理论实现的更新律设计方法或者通过利用线性模型来控制非线性系统的 MPC 方法。

由式（7-1）和式（7-2），得 $r(t,k) = \delta_K u(t,k)$。基于模型采用 MPC 方法设计更新律，$\delta_K y(t,k)$ 的参考轨迹可以选为

$$y_r^*(t,k) \stackrel{\text{def}}{=} y_r - y(t,k-1) \tag{7-4}$$

显然，$y_r^*(t,k)$ 在批次 k 中是已知的。因此 MPC 的代价函数可以选为

$$\begin{aligned}\Omega &\stackrel{\text{def}}{=} \sum_{j=1}^{N} \alpha_1 (y_r^*(t+j|_t,k) - \delta_K \hat{y}(t+j|_t,k))^2 \\ &+ \sum_{i=0}^{N} [\alpha_2 (r(t+i|_t,k) + \alpha_3 (\delta_T r(t+i|_t,k))^2]\end{aligned} \tag{7-5}$$

式中，N 和 M 分别是预测限值和控制限值；$\delta_K \hat{y}(t+j|_t,k)$ 是基于 k 批次中 t 时刻及其以前的信息得到的 $\delta_K \hat{y}(t+j,k)$ 的预测值；$\delta_T r$ 代表更新律在时间方向的变化。权重 α_1、α_2 和 α_3 分别用于调整跟踪误差、更新律和更新律变化的相对重要性。求解下列优化问题可以获得更新律：

$$r(t+i|_t,k)|_{i=0}^{M} \stackrel{\text{def}}{=} \arg\min \Omega \tag{7-6}$$

在实际应用中，系统的输入输出变量可能会有很多的约束条件，而众所周知，MPC 是解决这类问题的有力工具。在批次 k 中 $u(t,k-1)$ 和 $y(t,k-1)$ 都是已知量，所以可以将 $u(t,k)$、$\delta_T u(t,k)$ 和 $y(t,k)$ 转换为 $r(t,k)$、$\delta_T r(t,k)$ 和 $\delta_T y(t,k)$ 上的约束。

3. 模型仿真

对上述模型进行开环仿真。由于只要辨识胰岛素和血糖之间的动态模型，因此开环实验必须在空腹条件下进行。胰岛素输注率为阶跃信号，如下所示：

$$u(t) = \begin{cases} 0.6U/h, & 0 \leqslant t < 60 \\ 0.5U/h, & 60 \leqslant t < 144 \end{cases} \tag{7-7}$$

利用 MATLAB 的模型辨识功率，可以得到胰岛素和血糖之间的模型：

$$\begin{cases} A(z^{-1})y(t,k) = B(z^{-1})u(t-nd,k) \\ A(z^{-1}) = 1 - 1.9816z^{-1} + 0.9864z^{-2} \\ B(z^{-1}) = -0.0020, nd = 1 \end{cases} \tag{7-8}$$

通过图 7-10 的模型与真实动态比较,可以看模型与实际在短时内差距较小,随着时间的延伸差距逐渐扩大,这主要是由于人们每天都会摄取食物,对于建模过程,饮食可以考虑为干扰。以提高模型的精度。

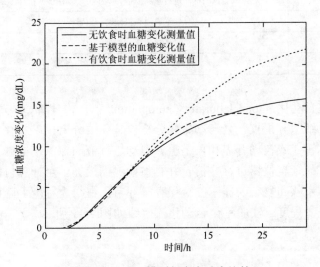

图 7-10　ARX 模型与真实动态比较

案例二:医院化验科大规模全自动化检测实验室

未来的医疗检测系统将向着一体化、小型化、高通量、自动化的趋势发展。本节将以上海交通大学附属瑞金医院检验科全实验室自动化系统为例,详细探讨全自动化检测实验室的系统构成、工作流程,以及与常规单机自动化的工效对比。

1. 全实验室自动化的构成

将不同检测系统间整合。为了降低实验室成本、提高工作效率,需要实时地更新技术平台,将免疫学测定与化学测定整合。整套系统单元如表 7-1 所示。

表 7-1　实验室全自动化构成

组成	功能
进样单元	连续装载样品管至输送器
条码阅读器	自动识别样品管上条码信息,根据信息将试管导向所连接的各个仪器
离心单元	自动平衡、离心,具有人工和自动两种模式

续表

组成	功能
去盖单元	自动去除标本管盖，避免人工开盖，大大提高安全性
分杯单元	智能分杯，避免交叉污染和人工接触生物危害
输出单元	将样品管智能归类到专用架上
存储单元	提供常温存储或试管低温冰箱存储。可方便随时自动复查或运行追加检测项目
重盖单元	对完成测试的样品进行重新盖盖，减少污染。保证复检样本结果的准确性
连接单元	转送轨道与机械臂，负责样品的转送
分析仪	可以连接生化、免疫、血球、血凝等仪器
软件系统	信息交互，追踪、记录样本，实现自动复检

　　全实验室自动化（total laboratory automation，TLA）以轨道方式连接包括自动离心机、血细胞分析仪、全自动生化分析仪、免疫分析仪以及存储器等设备。使用封闭样本管（或自动开盖和再上盖）自动进行液面探测，根据条码内容自动分杯，运输样品管至仪器进行分析，并且将检测结果输出至计算机控制中心。这样减少了分样步骤和复杂的样本安全保存等环节，在很大程度上降低了血液样本中的感染因子的程度。实验室全自动化流水线如图 7-11 所示。

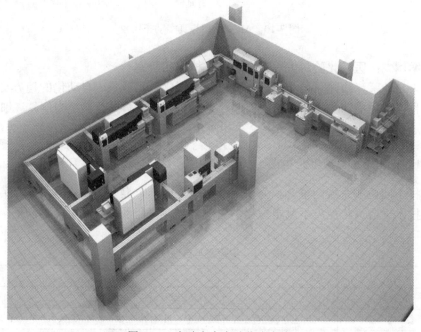

图 7-11　实验室全自动化流水线

2. 实验室全自动化的运行流程

检测系统在样本上机后，不需要频繁的人工操作和干预，系统能够自动进行检测，给出试验结果，为了确保患者信息与样本一致需要对原始样本管进行条码扫描。如果双向传输系统给出了进行检测指令，能评估样本是否有溶血、脂血或黄疸等影响结果正确性的因素。与单机自动化检测系统相比提高了工作效率，缩短了报告时间，采用标准化操作减少了单机通信间的误差，且更加方便质量管理，提高了实验室生物安全性。常规的单机自动化检验科工作流程如图 7-12 所示。

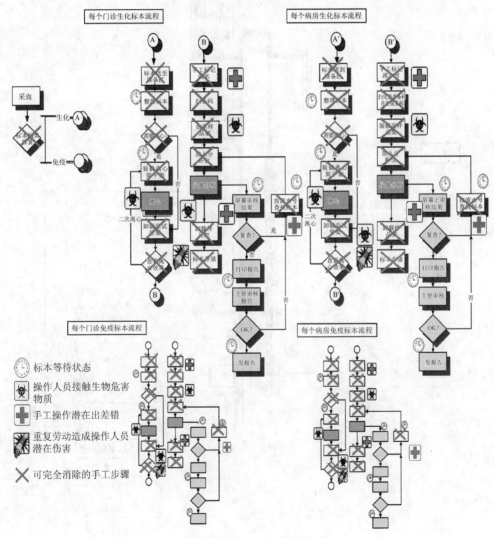

图 7-12 单机自动化的检验科流程

　　单机自动化检验科仅仅合并了免疫和生化项目的测定，无法整合非血清样品的测试，仍需手工进行样品前处理，整合方式较为固定，无法按需选择连接方式，免疫测定耗时较长，在一些系统上影响整体速度。

　　采用实验室全自动化检验不仅可以解决上述不足之处，而且可以达到减少人员、提高工作效率的目的，在这种实验室，工作人员要求有全面检验技术操作能力，基本的仪器维修和维护能力，并且有一定管理和计算机才能的新型技术人员。实验室全自动化检验科工作流程如图 7-13 所示。与单机自动化相比，全自动化检

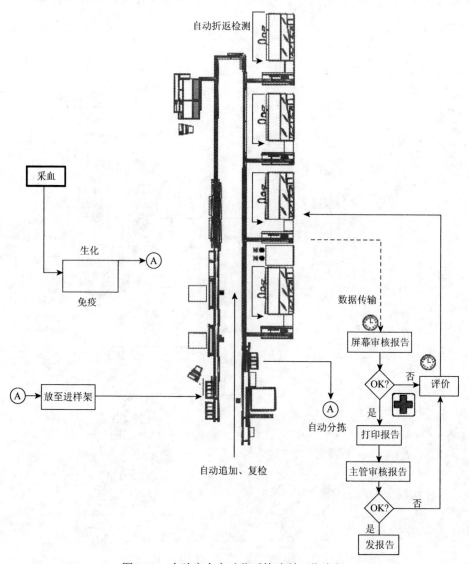

图 7-13　实验室全自动化后检验科工作流程

验减少了 48 个步骤，同时有超过 90 个高通量的测试项目，可以一周 7 天、每天 24 小时随时提供检测。正确的样品号以及快速的检验结果可以及时提供给危急的病患，压力减小，差错也减少，实现了技术、空间和员工投资的真正价值。

3. 实验室全自动化的运行结果

OUMC 医院自单月运行流水线后的情况如下所示。

（1）报告速度提高，急诊和常规报告时间相同。由此每年节省了 150 万美元。

（2）中心实验室的人员：70 人减少至 59 人。

（3）测试总量增加超过 6%，加班从 3.5%减少为 1.3%。

（4）电话查询大大减少：实验室和客户支持中心减少一名员工。

（5）增加 15 种相关测试。

（6）将员工的压力最小化。

实验室全自动化具有全新的实验室管理理念，实验室管理水平的提高创造井然有序、高效的就诊环境，缩短患者平均住院时间，提高床位周转率，增加医院收入，满足医院未来发展空间的需要，全面发挥自动化流水线的作用，提高经济效益，员工无需超时工作，增加员工满意度和积极性，获得高价值、高技术含量的服务。

通过图 7-14 的单机自动化与全自动化报告周转时间（turn around time，TAT）对比可以看出采用全自动化的检测系统报告生成时间明显缩短。

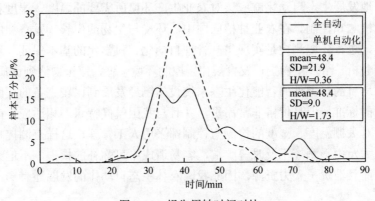

图 7-14　报告周转时间对比

7.3.4　生物医学自动化的其他发展趋势

1. 小型化

小型化实际上包括分析仪器的小型化和分析技术的微量化，为了缩小样本体积和减少试剂的消耗，高通量药物筛检的需要以及战争时生物因子的检测，需要实现医学检测设备的小型化。

2. 微量化

像微量元素一样，很多物质在体内含量很低，为了检测出这些物质，需要更为敏感以及更微量化的检测技术。微量化具有可降低生产成本，便于运输和缩减占据的实验室空间的优点。

3. 高通量

高通量筛选时每天要对数以千万的样品进行检测，工作枯燥，步骤单一，操作人员容易疲劳、出错。使用自动化系统代替人工操作，并利用计算机通过操作软件控制整个实验过程，编程过程简洁明了。

7.4　生态自动化

7.4.1　生态自动化系统发展

中国农林生态的发展必须走现代化这条道路，目前我国高度重视农业的研究和应用技术，特别是智能化生态系统已经成为高效农业不可或缺的重要组成部分。为了更好地发展生态自动化就应该对农业生产环境所需要的温度、湿度和土壤含水量进行检测和控制。在农业种植问题中，环境与生物的生长、发育和能量交换密切相关，进行环境测控是实现生产管理自动化、科学化的基本保证，通过对监测数据的分析，结合作物生长发育规律，控制环境条件，使作物达到优质、高产、高效的栽培目的。国外的智能化生态系统设施已经发展到比较完备的程度，并形成了一定的标准，但是价格非常昂贵，并且与我国气候特点不相适应。而当今国内大多数对大棚温度、湿度的检测与控制都采用人工管理，这样有测控精度低、劳动强度大及由于测控不及时等弊端，容易造成不可弥补的损失，不但大大增加了成本，而且浪费了人力资源，因此我国农林生态自动化的发展还有一段比较长远的路途。

7.4.2　农林生态自动化系统

目前农林生态自动化技术主要包括喷灌控制，生态农林远程实时监控系统以及以计算机视觉为主的自动检测技术。

1. 喷灌控制技术

灌溉技术管理的自动化（图 7-15）有助于发达国家发展高效农业，美国、法国等发达国家均已采用先进的灌溉系统。他们采用先进的节水灌溉制度，由传统的充分灌溉向非充分灌溉发展，对灌区用水进行监测预报，实行动态管理，采用遥感技术，监测土壤墒情和作物生长，开发和制造了一系列用途广泛、功能强大的数字式灌溉控制器，并得到了广泛的应用。因为以色列常年处干旱缺水地带，因而它的微灌技术也是世界上比较先进的，目前已经基本实现了农业灌溉管理自动化，随着自动控制系统的普遍推行，已经可以按时、按量将水分或肥料直接送入作物根部，而且这种灌溉系统的水资源利用率很高，单方水的粮食产量也很高。微灌技术以电子计算机为核心，通过埋在地下的湿度传感器可以将有关土壤水分的信息传送到计算机，计算机会根据土壤水分的多少来判断是否需要浇水。小型灌溉管理程序较多用在温室等设施内，我们需要手动设定每次每路灌水起止时间和日期，操作方便。由于以色列的灌溉技术比较发达，农场主在家里就可以利用计算机对灌溉过程进行全部控制。我国农业灌溉有着悠久的历史。但是，到现在仍有部分地区还沿袭着旱田大水漫灌的灌水方法。由于长期大水漫灌的结果，抬高了地下水位，土壤发生次生盐碱化，严重影响着作物产量的提高。新中国成立后为了发展农业，满足国民经济增长和人民生活水平提高的需要，各省和各大灌区在 20 世纪

图 7-15　喷灌技术

50 年代先后建立了灌溉试验站。试验研究科学的灌溉制度和与之相配套的田间工程规格标准。

2. 生态农林远程实时监控系统

生态农林远程实时监控系统是一种病虫测报仪器，它可以用于农林病虫的远程诊断、预测、预报、预警、研究和监测控制等方面。该系统需要通过特定的软件与计算机配套使用，计算机终端能够实时监测植物的生长、病虫的数量和种类等数据，然后通过无线网络实时传输到相关地区和部门，快速准确预测监控区的病虫害发生动态、环境因子。植物保护专家根据远程实时监控到的数据，提出最佳的防治方案。农林生态远程实时监控系统促进了农业病虫害预测预报预警工作的标准化、网络化、现代化、自动化、可视化发展。

3. 计算机视觉技术

计算机视觉技术是一个相当新且发展十分迅速的研究领域，日本、美国等发达国家已在农林计算机视觉技术方面进行了广泛而深入的研究，如农业种子资源管理、获取作物生长状态信息、农产品自动收获以及农产品品质鉴定等。图 7-16为采用计算机视觉技术实现的客流统计。英国正在开发能够采摘蘑菇的机器人，通过使用计算机视觉和图像处理技术找到蘑菇采摘点。计算机视觉技术在我国农业生产和农业现代化方面已开始应用，但在设施农业、虚拟农业中的应用尚处于起步阶段，应进一步加强、加快该领域的研究与应用。

图 7-16　计算机视觉技术实现的客流统计

7.4.3　农林生态自动化的实际应用

1. 项目背景

莆田市属福建东南沿海丘陵区，地势从西北向东南倾斜，像土箕的形状，可以用"六山两水两分田"七个字来概括该市土地利用情况。据统计，莆田市土地总面积为 37.8 万平方米，耕地约 6.04 万平方米，耕地面积占有率比较少，在一定程度上限制了该市经济的发展。全市丘陵山地达 24 万平方米，占土地总面积的 63.5%，山地丘陵开发利用潜力很大。近年来，随着社会经济的发展，丘陵山区农业生产状况逐步得到改善和提高，但仍受山区电力资源匮乏、山地相对落差大、年降雨量分布不均以及不完善的水利基础设施等自然地理等条件的影响，制约丘陵山区农业可持续发展的主要因素依然是工程性缺水问题。

由于莆田市山地相对落差大这个特点，该市的风力资源最为丰富，出现四五级大风的天气是常有的事，而且风速大、风向稳定。利用该地区风势大这个特点，结合风力扬水技术、自压微喷灌和自动化技术，应用在莆田松岭生态茶园内，并取得了一定的绩效，成功地在丘陵山区全面推广节水节能技术，找到了一个加快农村水利现代化建设的好方法。

2. 风力扬水自压微喷灌自动化技术

根据莆田松岭生态茶园的常年风势大而且风速风向稳定的特点，结合土壤环境以及种植茶树品种的吸水特性，采用风力扬水自压微喷灌自动化技术。通过这种灌溉技术是茶农只需利用当地的风力资源就可以达到直接扬水蓄水的效果，由于直接喷出的水流量时大时小，不利于直接喷洒到茶叶上，还要再加一个集散控制系统，这样最后喷洒至茶树叶面上水都是低压小流量的。

图 7-17 就是风力扬水灌溉系统示意图，从图中可以看出该系统主要由四部分组成：风力扬水机、水源、蓄水池、灌溉管网。为了有更好的出水效果，本系统采用集中式检测和控制方式，包括数据采集子系统、监测显示子系统和控制子系统部分。具体的工作过程如下：首先各种传感器感知土壤的温度湿度等，然后计算机控制中心接收传感器发出的数据信号，经过对所采集的数据进行比较分析后，控制中心会判断是否发出灌水的指令。这些指令信号就是各种电磁阀启动驱动设备的驱动信号，电磁阀启动后就可以向茶叶喷洒灌溉，灌溉系统中有专门能实时显示各传感器的测试值和各控件的运行状态的 LED 显示屏，通过这些参数可以实现实时调度灌溉系统的喷水量和施肥量，当实际执行的结果出现偏差时用户也可以人为进行修正和调整，实行动态管理的同时，做到对产生的故障进行实时报警和处理，对灌溉过程中的各特征量进行实时动态显示和打印。

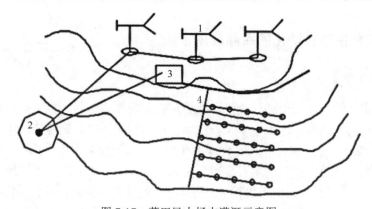

图 7-17　莆田风力扬水灌溉示意图

注：1-风力扬水机；2-水源；3-蓄水池；4-灌溉管网

3. 效果评价

该项目的试运行结果表明：田松岭生态茶园通过使用风力扬水自压微喷灌自动化技术，大大改善了茶园的水土条件，还进一步完善了茶园光热水资源，茶园也因为有效的灌溉，使茶叶产量质量明显提高。该项目使用风力扬水自压微喷灌自动化技术的优势具体如下。

（1）通过充分利用沿海风力资源扬水蓄水，可以有效地利用资源，从真正意义上实现了低碳高效节能的灌溉方式。

（2）因为风力扬水自压微喷灌自动化技术具有一定的自动化程度，因而可减少劳力，改善劳动条件，提高劳动生产率。

（3）有效的节约水资源。根据数据采集子系统反馈的生态因子（土壤的温度、湿度以及作物的生长状况），控制中心会发出控制浇灌时间和灌水量的指令信号，真正做到了因地制宜，在干旱程度多一些的地方，浇灌时间会长一些，灌水量会变大，能够很好地控制灌水量，做到不产生深层渗漏，灌水量适可而止。

（4）茶叶产量提高和品质提升。自动化微喷灌技术可模拟茶叶生产适宜环境调节小环境，还可以经常有效地去除茶叶表面的灰尘及农药残留，茶叶品质产量得到较大提高，其中秋茶增产 30%左右，暑茶增产 22%左右。

7.4.4　农林生态自动化系统的发展趋势

我国农林自动化已在设施农业中的温室自动化控制、排灌机械自动化和部分农林机械装置自动化等方面得到一定的发展，尤其是精准农林的发展越来越得到重视。电子技术和计算机技术的迅速发展，推动了农林机械向自动化方向发展。

随着智能化技术的发展，人工智能将是 21 世纪农业工程发展的重点，各种农林机器人或智能化系统将在农林自动化控制中不断涌现，继续推动和实现农林自动化，是农林机械化工程技术工作者所面临的长远课题和挑战，并进一步促进农林自动化控制技术向智能化技术发展。

第8章 自动化的整体与教育效果

8.1 自动化的社会影响

虽然 1946 年哈德才在人类字典中第一次提出"automation"一词，但早在几千年前，人们就已经在自己的生活中引入了"自动化"的概念并生产出了各种各样的自动化设备，如指南车、地动仪、水钟、提花织布机等，这一切都为人们的生活带来了各种便捷。在工业领域，真正应用于生产的自动化装置可以追溯到 1765 年俄国工程师波尔祖诺夫发明的用于蒸汽锅炉水位控制的浮子式阀门水位调节仪。1788 年，瓦特发明了离心式调速器，并将其成功应用于蒸汽机闭环调速系统中。这项发明成为自动化领域的里程碑，开创了近代自动化发展的新纪元，在第一次工业革命中有着举足轻重的地位。此后数百年间，人们针对生产生活中的各种问题，设计了各种各样的自动调节器，但这些调节器与离心式调速器类似都属于常值控制，即，使被控变量保持在给定值附近。

自动调节器在工业生产中的广泛应用推动了自动调节系统的理论研究。1833 年英国数学家巴贝奇提出了程序控制的概念，1868 年 Maxwell 利用常微分方程对具有调速器的蒸汽机闭环调速系统进行了建模与稳定性分析。之后，Nyquist、Bode 等科学家的科研成果不断涌现。直到 20 世纪四五十年代，经典控制理论终于形成，同时开创了系统与控制这一新的学科领域。在这一阶段，自动控制技术的发展基本上满足了第二次世界大战后军事技术和工业发展的需要，但也暴露出了很多局限性。

20 世纪 40 年代后期，随着 ENIAC 和 EDVAC 的出现，人类进入了计算机时代，计算机技术的快速发展为自动控制理论与技术的发展带来了更广阔的空间。从 20 世纪 50 年代末起，现代控制理论与技术不断成熟，这为企业生产综合自动化的实现奠定了理论基础。20 世纪中后期，微电子技术的不断发展使得控制工程师可以很方便地利用微型计算机实现各种复杂控制策略，生产综合自动化系统得以实现。

20 世纪 70 年代，自动控制的对象逐渐变为大规模、复杂的工程和非工程系统，这其中涉及许多用现代控制理论难以解决的问题。而这些问题的研究又促进了自动控制的理论、方法和手段的不断革新，于是出现了大系统的系统控制和复杂系统的智能控制，出现了综合利用计算机、通信技术、系统工程和人工智能等成果的高级自动化系统，如柔性制造系统、办公自动化系统、智能机器人、专家系统、决策支持系统、计算机集成制造系统等。

从自动化技术的发展历程中可以看出，自动化技术给人类的发展带来了积极、正面的影响。

首先，自动化在人类的发展历程中发挥着越来越重要的作用。

众所周知，人类文明在地球上已经代代繁衍了数千年，从石器时代辅助狩猎的石斧到现代探索宇宙空间的飞船，科技进步为人类社会的发展和进步提供了巨大的动力。在这个过程中，繁重的体力劳动使人疲惫，人类越来越渴望从中得到解脱。人类依靠发达的大脑，克服了重重困难，解决了众多的难题。从古代的风车水车，到今天的蒸汽机、电动机，人类利用自然、开发自然的能力越来越强，生产水平也越来越高，生活也越来越舒适，从工业革命到今天的信息化社会，人类在不断认识客观世界的实践活动中，不断发现自然规律，总结实践经验，开创了璀璨的人类文明。在这个过程中，自动化理论和技术从诞生到兴起，再到现在的高度普及，始终在人类社会中发挥着举足轻重的作用。

然后，自动化技术存在于人们的生产生活过程中，为生产生活创造着必要条件。

科学技术是第一生产力，而自动化科学技术又与人们的生产生活直接相关。社会发展的根本动力是生产力与生产关系、经济基础与上层建筑之间的矛盾运动。自动化技术提高了社会生产力，影响着经济基础，也推动着社会形态的改变和进步。人们的意志需求和生产关系决定着科学技术的发展方向和发展水平；同时，科学技术水平也反映和影响着社会形态和人文的发展状况。人类社会的发展离不开科学技术，在未来社会的发展中，自动化科学技术必将发挥重大作用，为人类的生产生活创造必要条件。

最后，自动化技术已成为技术进步的核心动力，极大地改变了人们的生活方式。

我们今天越来越多的生活习惯都和自动化技术紧密相连。借助于自动化技术，人们脱离了马拉车的出行方式，飞机、高铁使双城生活变得越来越现实；借助于自动化技术，人们脱离了通话基本靠喊的通信方式，3G、4G 通信网络的建成，使人们虽然远隔万里，但也如同近在咫尺；借助自动化技术，楼宇自动化、办公自动化得以实现，人们逐渐脱离了繁重的体力劳动，缩短了劳动时间，有了更多休闲和娱乐，生活质量得到了改善。

虽然自动化技术是当前社会发展和进步的重要动力，也是推动技术革命的核心技术，但是从辩证的角度分析，任何事物都具有两面性。自动化技术的发展在推动人类社会发展的同时，也存在一定的负面影响。正确认识自动化技术发展对人类的负面作用，对我们更好地发展自动化技术、应用自动化技术，起到了很好的指导作用。

　　首先，由于自动化技术的发展，人们对自动化设备的依赖也越来越强，逐渐降低了对自身能力的要求，如在空中管制中，管制员借助自动化管制设备，只需按照管制设备发出的指令执行相应操作而很少主动思考两机之间如遇冲突应如何处理。再比如，随着计算机等设备的普及，越来越多的文件通过计算机来处理，于是人们逐渐忘记如何写作。随着文献自动化管理水平越来越高，越来越多的学生不愿意动脑动手和深入思考，而是依靠抄袭来完成课程论文。

　　然后，从短期来看，随着工业自动化程度的提高，利用机器取代人力的情况越来越多，一些技术水平低、动作重复的劳动密集型行业失业压力增加。工人工资的提高有限，不能满足经济日益增长的需求，造成生活水平的下降，对整个社会的安定和保障体系造成较大程度的不利影响。

　　最后，自动化技术在军事中的应用，使得一些军事强国的大棒政策屡屡奏效。利用自动化技术，越来越多的先进武器被制造出来，越来越多的无人作战机器出现在战场，发达国家掠夺不发达国家的资源越来越便利。不发达国家对发达国家侵略的反抗也越来越困难。由于自动化水平的不同，对抗双方武器技术的不对称现象越来越显著。

　　上述负面影响导致社会上出现了抵制自动化技术应用于生产生活的现象。但纵观社会发展的历程，可以肯定上述的负面影响都是短暂的、局部的，不应该陷入盲目的悲观，而应该正视问题，弥补不足，使自动化技术能够更好地为人类所用。

8.2　自动化教育

　　总体上看，自动化教育可分为三种类型：一是面向本科生和研究生的课程教育，二是面向中、小学生及普通民众的体验认知教育和科普教育，三是针对自动化工程技术人员的继续教育。大学本科阶段的学习是目前自动化教育的主体，具体又可细分为自动化专业、类自动化专业和非自动化类专业三种。对于自动化专业的学生来说，需要全面而系统地学习自动化的相关内容；对于电气工程及其自动化、机械设计制造及其自动化、测控技术与仪表、过程装备与控制工程、导航制导与控制技术、农业机械化及其自动化等类自动化专业的学生而言，需要学习与各自领域密切相关的自动化知识；对于非自动化类的很多工科及管理、经济等专业，自动化教育的重点是系统、控制和优化的知识；而反馈控制的思想和方法则几乎适合于所有专业，因此一些高等院校面向所有理工科专业开设自动化概论课程，讲授反馈控制的基本概念和方法。

　　从自动化学科专业设置的角度来看，自动化教育一般有两种模式：一种是专门设置了自动控制或自动化的学科、系及专业；另一种是将控制与自动化的内容融入到相关的学科、系及专业中，实行更宽口径的培养。第一种培养模式的典型代表有中国、俄罗斯以及北欧的部分学校，而欧美的大部分国家则普遍采用了第二种培养模式。

8.2.1　发达国家自动化教育的现状

在北欧国家中，有几所极具代表性的学校采用了专门设置自动控制或自动化学科这一培养模式，例如，丹麦的 Aalborg 大学在电子系统系设有自动化与控制专业；瑞典的 Lund 大学设有自动控制系和自动控制专业；瑞典的 Lund 理工学院既设有自动控制系，还设有电气工程与自动化系。其中，自动控制系面向全校开设自动控制和自动化方面的课程，而电气工程与自动化系则主要为电气工程和机械工程专业开设工业过程控制和自动化系统方面的课程。

在英国、美国、日本等一些国家，也有部分学校采用了第一种模式。例如，英国的 Sheffield 大学拥有自动控制与系统工程系，并号称是全英最大的系，该系设有系统与控制工程专业；美国的华盛顿大学在电气与系统工程系设有过程控制系统、控制工程和系统科学与工程专业；加州理工大学在工程与应用科学部设有控制与动态系统学科，为全校开设该领域的辅修课程，并培养该领域的博士生；东京工业大学在工学部设有控制与系统工程系和控制系统工程专业，该专业以培养具有电气电子工程和机械工程两方面的素养于一身的专业人才为目标，在课程设置方面是以检测技术与控制理论为主轴，涵盖了电气电子工程和机械工程的相关知识，其主要课程包括检测工程基础、检测系统理论、反馈控制论、现代控制论、数字控制论和机器人等；九州工业大学在工学部设有机械智能工程系和智能控制工程专业；大阪工业大学在工学部设有机器人系和检测与系统专业；丰桥技术科学大学在工学部设有机械工程系和控制系统与机器人专业等。

然而，欧美的大部分学校以及亚洲的一些高校实行的是后一种模式，也就是将自动化教育融入到更宽口径的学科和专业中，通常是放在电气工程、电气工程与计算机、电气与电子工程这一类的系别和专业中。例如，美国的麻省理工学院设有电气工程系、电气工程及计算机科学系、工程系统学科等，有关自动化的课程基本上都由这些系或学科开出，不仅面向本系的学生，同时也面向其他系的学生；美国斯坦福大学的电气工程系也面向全校开设很多自动化的课程，内容有深有浅，既有介绍入门性知识的课程，也有涉及前沿领域和最新研究进展的课程，而且范围之广，可以说几乎涵盖了自动化的所有领域，包括自动控制和检测、计算机网络和通信、信号处理、人工智能、机器人以及管理等；香港大学设有机械工程系，有关自动化的课程基本上都由该系开出；东京大学在工学部设有机械系和机械信息工程专业，该专业以培养掌握人体、机械和信息相结合的相关理论以及具有国际视野的领导者和研究人员为目标，在该专业的教学内容中还加入了系统控制论、机器人学等自动化专业的课程；京都大学在工学部设有信息工程系和数理工程专业，该专业以数学和物理为基础，将信息理论与实践相结合，以培养可以解决含有未知数理问题的高级人才为目标，为了拓宽专业口径，该专业在教学内容中加入了现代控制论、最优化等自动化专业的课程；大阪大学在工学部设置电子信息工程系和电气电子工程专业，该专业以培养掌握电气能源技术和以计算机为中心的系统技术的高级人才为目标，其教学内容中同样加入了控制工程等自动化专业的课程。除此之外，上述学校在电气、电子、计算机、机械、化工、航空等很多学科和专业内都包含了自动化和自动控制的教学内容，同时还面向全校的大部分专业开设了涉及自动化基本原理和方法的入门课程。这实际上反映了目前大学教育一个总的发展趋势，即专业面越来越宽，专业界限越来越淡化，学科的交叉综合越来越明显，本科阶段的人才培养越来越"通才化"。

发达国家自动化教育较具代表性的课程有：

Signal Processing and Linear Systems（信号处理与线性系统）；

Feedback Control Design（反馈控制设计）；

Introduction to Control Design Techniques（控制设计技术概论）；

Control System Design and Simulation（控制系统设计与仿真）；

Optimal Control and Hybrid Systems（最优控制与混杂系统）；

Modern Control Design（现代控制设计）；

Analysis and Control of Nonlinear Systems（非线性系统的分析与控制）；

Introduction to Linear Dynamical Systems（线性动态系统概论）；

Embedded System Design Laboratory（嵌入式系统设计实验）；

Introduction to Computer Networks（计算机网络概论）；

Introduction to Communication Systems（通信系统概论）；

Introduction to Digital Image Processing（数字图像处理概论）；

Probabilistic Systems Analysis（概率系统分析）；

Object-Oriented System Design（面向对象的系统设计）；

Advanced Topics in Computation for Control（关于控制计算的前沿话题）；

Introduction to Computer Vision（计算机视觉概论）；

Mathematical Methods for Robotics, Vision and Graphics（机器人学、视觉和图像中的数学方法）；

Digital Processing of Speech Signals（语音信号的数字处理）；

Digital Video Processing（数字视觉处理）；

Artificial Intelligence: Principles & Techniques（人工智能：原理和方法）；

Probabilistic Models in Artificial Intelligence（人工智能中的概率模型）；

Machine Learning（机器学习）；

Information Theory（信息理论）；

Adaptive Signal Processing（自适应信号处理）；

Adaptive Neural networks（自适应神经网络）；

Global Positioning Systems（全球定位系统）；

Radar Remote Sensing（雷达遥感）；

Mobile and Wireless Networks and Applications（移动无线网络及其应用）；

Wireless Sensor Networks Concepts and Implementation（无线传感网络的概念及实现）；

Internet Routing Protocols and Standards（Internet 路由协议和标准）；

Multimedia Communication over the Internet（Internet 多媒体通信）；

Database System Principles（数据库系统原理）；

Dynamic Programming and Stochastic Control（动态规划与随机控制）；

Approximate Dynamic Programming（近似动态规划）；

等等。

　　自动化涉及多个学科和领域，具有非常丰富的内涵，自动化教育在其专业教育中占有重要地位，在关联性较强的电气、电子、机械、化工、能源和航空等学科，自动化的课程也占有相当大的比重，因此自动化本身就是一个相当宽口径的交叉学科。各个学校无论是否单独设置了自动化专业，相关专业基本上都是宽口径培养。对于学生而言，专业面宽可以拓展视野，增加选课的自由度，有利于学科交叉，有利于培养复合型人才。与此同时，自动化专业的宽口径这一特点又给课程设置以及学生选课带来不小的难度。为了解决这个问题，很多大学一方面针对本科生实行了导师制，帮助学生选课和制订学习计划；另一方面在教学计划的制订上采用了便于学生选课的模式。第一种常见模式是把课程模块化，即把联系紧密、相互依赖的课程组合成一个个模块，例如，"电机基础""电力电子技术"和"电机控制系统"三门课程可以构成一个模块，这样每一个模块都形成一个相对独立且较完整的知识体系，学生按模块选课就较为容易。第二种教学模式是"主修—辅修—选修"制，例如，麻省理工学院电气工程系给出的一个供学生参考的例子是主修"通信、控制及信号处理"，辅修 1 为"计算机系统及结构工程"，辅修 2 为"计算机理论科学"，主修和辅修以外的课程都可作为选修，可根据自己的兴趣爱好进行选择。第三种模式是"必修—选修"制，将学生必须具备的理论基础和专业知识列为必修，属于知识拓展的课程列为选修，这样学生只需要决定选修部分，操作也很方便。实际上，上述三种模式各有利弊，很多学校在实际运作中常常是同时结合了两种甚至三种模式的。

8.2.2　中国自动化教育的发展历程及现状

自动化教育可以追溯到 20 世纪 40 年代，美国、西欧和苏联的一些大学率先为大学生和研究生开设"伺服控制系统"和"自动调节原理"课程，我国的一些大学也随之开设了这方面的课程。1941 年，张钟俊教授在重庆九龙坡交通大学讲授"伺服机构原理"课程；1948 年，清华大学钟士模教授在清华大学讲了"瞬变分析"课程；1948 年后张钟俊教授又在上海交通大学为大学生和研究生讲授了"伺服机构原理"课程，浙江大学等高校也在 1951 年后开设了此类课程。

我国自动化类的专业设置始于 20 世纪 50 年代，主要是借鉴了苏联的培养模式和课程设置。1952 年哈尔滨工业大学在苏联专家教授的帮助下创办了"工业企业电气化"专业。此后，高等院校开始逐步设置了"工业企业电气化"专业。从 1956 年起，清华大学、西安交通大学等一批重点高等院校逐步建立了"自动控制"专业。哈尔滨工业大学除"工业企业电气化"外，还建立了"自动学、远动学与量测仪表"专业，侧重于培养仪器仪表制造方面的人才。1958 年，清华大学等一批重点高等院校先后建立了自动控制系或行业自动控制系。与此同时，中国科学技术大学在 1958 年成立了自动化系。1970 年以后，根据自动化科学技术及其高等教育的发展需要，清华大学等重点高等院校将自动控制系改名为自动化系。综上而言，我国自动化本科专业的前身是"工业企业电气化"和"自动控制"专业，前者主要针对工业发展的需要，而后者主要缘于我国国防、军事建设中对自动控制人才的迫切需求。

20 世纪 80 年代以来，为适应我国经济建设和科学技术发展的需要，各高校进一步拓宽专业口径，将原有的多个自动化类专业（如自动控制、生产过程自动化、工业电气自动化、检测技术与自动化仪表等）合并为"工业自动化"专业和"自动控制"专业。两个专业的理论基础基本相同，只是专业应用领域各有所偏重、理论要求略有区别而已。"工业自动化"专业偏重强电和应用，而"自动控制"专业偏重弱电和理论。在国家公布的"普通高等学校本科专业目录"中，"工业自动化"属于强电专业类的"电工类"，而"自动控制"属于弱电专业类的"电子信息类"。

20 世纪 90 年代以后，学科交叉、渗透和融合的趋势越来越明显，自动化学科发展异常迅速，呈现了"数字化""网络化""智能化"的发展趋势。同时，毕业生的就业制度也由"计划经济"向"市场经济"转变，国家取消了统包统分，代之以实行"供需见面，自主择业，双向选择"。在这一背景下，为了进一步拓宽专业口径，增加学生就业的适应性，与国际"通才教育"模式接轨，教育部在 1998 年公布了新版的"普通高等学校本科专业目录"，将原来偏强电的"电工

类"和偏弱电的"电子信息类"合并为强弱电合一的"电气信息类",并合并了
"工业自动化"和"自动控制",加上原来的"液压传动与控制""电气技术"及
"飞行器制导与控制"专业的一部分,组成了新的属于"电气信息类"的"自动
化"专业,并一直延续至今。自动化专业成为了一个跨多个学科、多个行业的宽
口径专业,自动化专业毕业生的就业形式也逐步多元化。有的从事本专业的自动
控制或自动化工作,有的从事计算机软件或硬件开发,有的进入公司或企业从事
生产、管理、营销等工作,还有的进入政府部门从事管理工作等,就业去向多种
多样。本科阶段的"通才教育"加上自动化专业的超宽口径造就了适应力很强、
适应面很广的人才。控制的思路、反馈的概念以及优化的方法对于任何领域的工
作都起到了极有力的支撑作用。

　　我国自动化学科的研究生教育始于1978年。在国务院学位委员会办公室和教
育部研究生工作办公室颁布的《授予博士、硕士学位和培养研究生的学科、专业
目录》中,自动化学科研究生教育的一级学科名称为"控制科学与工程",它由
5个二级学科组成,分别是"控制理论与控制工程""检测技术与自动化装置""系
统工程""模式识别与智能系统"和"导航、制导与控制"。除此之外,相关专业
还有"运筹学与控制论""系统分析与集成""机械制造及其自动化""电力系统及
其自动化"以及"农业电气化与自动化"等。

　　从研究生学科及专业设置的情况看,专业划分比较细,研究生教育已不再是
"通才教育"。通俗地讲,硕士研究生属于"通才教育"和"专才教育"相结合,
而博士研究生则偏重于"专才教育"。硕士阶段是课程学习与研究并重,课程学
习的目的是提高理论素养、拓宽知识面,研究则要求针对某个领域达到一定深度,
并培养较强的独立研究能力;而博士阶段则主要培养研究能力,研究领域一般比
较狭窄,但要求研究有相当的深度,博士毕业后通常就成为某个特定领域的专家,
具备很强的独立研究能力。因此,硕士研究生毕业后仍具有较强的"可塑性",
就业的选择面较宽,相当一部分人并没有从事本专业的工作,而博士研究生则通
常会选择专业比较对口的工作,以便最大限度地发挥他们的优势。当然,即使与
所学专业不完全对口,由于博士已具备了坚实的基础和很强的研究能力,往往也
能做出不同寻常的业绩。

8.2.3　自动化专业的学习方法

　　自动化专业具有"控(制)管(理)结合、强(电)弱(电)并重、软(件)
硬(件)兼施"等鲜明的特点,是理、工、文、管等多学科交叉的宽口径工科专
业。随着知识更新的不断加快,现代高等教育正逐渐从以教为主向以学为主转变,
会学比学会更重要。自动化专业的学习中,应注意以下几点。

1. 构建学科知识体系

并非每一门学科的知识体系都可以用结构图的形式完整而清晰地表示出来，自动化学科的课程设置却是围绕着计算机控制系统结构图全面而系统地展开的。

将控制系统结构分为控制器、A/D 和 D/A、执行机构、被控对象以及测量变送五部分，每一部分都代表了自动化学科的一个知识领域，分别为控制与智能、计算与信号处理、执行与驱动、对象与建模、传感与检测。对应于这五个知识领域，可设置如下课程模块。

（1）控制与智能：自动控制原理、现代控制理论、可编程控制器、智能控制、最优控制、非线性控制、自适应控制等课程模块。

（2）计算与信号处理：信号与系统、数字信号处理、网络技术与现场总线等课程模块。

（3）执行与驱动：电机原理与拖动、电气传动等课程模块。

（4）对象与建模：建模与仿真、系统辨识与参数估计、CAD 仿真等课程模块。

（5）传感与检测：传感器技术与应用、自动检测技术、抗干扰技术、智能仪表等课程模块。

除此之外，由于计算机控制系统依托于计算机实现，自动化知识领域还需包括如下课程模块。

计算机软件与硬件：计算机基础、计算机语言、微机原理、单片机原理、嵌入式系统、数据结构、操作系统、计算机控制技术等课程模块。

在专业学习的过程中，学生应首先在脑海中构建出清晰的自动化学科知识结构体系，始终围绕并在此基础上有的放矢、目标明确地开展基础知识的学习和素质的拓展，才能获得完整的专业知识体系，成长为符合自动化学科培养目标的专业人才。

2. 注重实践，培养工程意识

自动化专业作为典型的工科专业，培养出的学生应具有很强的工程意识，拥有工程意识，才会用工程的思想系统地对待工程问题，从而有效地、高质量地完成实际工作，凭借专业知识在社会上立足。因此，自动化专业的学生在大学的学习生活中，应尽早摆脱中学时代为考高分而学习的观念，在掌握专业核心课程的基础上，充分利用大学学科齐全、学习资源丰富的条件，一方面积极投身于校内实验室、实习实训基地，以接近工程实际的综合设计项目为主要载体，尽可能地真正作为主体参与实践活动的各个环节，由"被动实践"转为"主动实践"；另一方面，可以通过参加教师或合作单位的应用技术项目开发，从而进入真实的技术开发环境，培养与训练技术开发能力。

综上，敢于动手，勤于实践，将输入的知识转化为能力和素质，并注重综合，在大学校园中实现工程基础知识、个人能力、团队合作精神和工程系统能力四个方面的全面训练和提升，是每个自动化专业学生努力前行的方向。

3. 始于兴趣，提高创新意识

兴趣是学习最好的老师。不论对于一门课还是一个专业，如果没有兴趣，主观上把学习当作一件很艰苦的任务来完成，那么，无论拥有多好的学习环境和学习条件也无法学进去、闯出来。有了兴趣，就能够很容易从学习中体会到乐趣，也就很容易产生灵感和成就感。有可能自动化不是某些同学心中理想的专业，但在入学后，可以有意识地树立和自觉地培养学习兴趣，自动化专业的相关课程内容丰富多彩，应用领域广泛，理论体系严密，实践环节多样，是一个易于产生兴趣的专业。只要勤于思考，从问题出发，积极参加课堂实践，就可以建立自己对本专业的兴趣。

本专业课程包括了从数学到物理等基础课程、从经典控制理论到现代控制理论等专业基础、从计算机到信号处理、从控制理论到控制工程等丰富的专业知识，是一个综合专业。所以在专业的学习过程中要注意综合，综合是成才的需要。一门课成绩的优异，不代表专业能力的高低，很多实际问题的解决需要综合的知识。遇到问题时，要树立解决问题的信念和突破困境的决心。学习中既要了解已有理论的发展、继承已有的理论，又要敢于怀疑已有的理论，培养自己分析问题、解决问题的能力，并在解决问题的过程中敢于思考、独立思考、培养自己的创新意识和坚持不懈、百折不挠的毅力。既要在课内实验、课外实践、毕业设计等环节训练自己的创新思维、锻炼自己的创新能力，同时也要意识到创新是以扎实的专业知识为基础，不能盲目创新。

8.2.4 自动化专业的课程体系

高等教育承担着培养高级专门人才、发展科学技术文化、促进社会主义现代化建设的重大任务。提高质量是高等教育发展的核心任务，是建设高等教育强国的基本要求。2010 年国务院常务会议审议并通过《国家中长期教育改革和发展规划纲要（2010－2020 年）》，对我国高等教育事业的发展提出了更高的要求。为贯彻落实该纲要，教育部联合有关部委组织实施了"卓越工程师教育培养计划"，这一计划是高等工程教育的重大改革计划，也是促进我国由工程教育大国迈向工程教育强国的重大举措。该计划旨在培养造就一大批创新能力强、适应经济社会发展需要的高质量各类型的工程技术人才，创立高校与行业企业联合培养人才的新机制，为国家走新型工业化发展道路、建设创新型国家和人才强国战略服务。

自动化专业的发展理念与发展现状应符合高等工程教育的改革方向与发展趋势，应适应高等教育发展的新形势和新特点。为适应建设创新型国家对高素质工程技术人才的需求，自动化专业的培养方案以及课程体系的改革势在必行。在这一大方针下，许多高等学校的自动化专业做了有意的尝试和创新，并取得了不错的效果。以下将以南京工业大学为例，详述该校自动化专业在培养方案、课程体系以及培养计划的结构与框架等方面的改革举措。

1. 改革基本原则

1）创新开放原则

大力推进学分制和弹性学制改革，创新人才培养模式，鼓励人才培养方案的创新设计。在双学位和主辅修制的基础上，进一步通过模块化课程的设计，构建多元、立体、开放的人才培养体系。

2）需求引领原则

以国家和区域经济社会发展需求为根本出发点确立人才培养标准，同时强调个人的可持续全面发展及个性化发展需求，并通过构建适宜的学科知识体系和专业培养体系予以实现。

3）特色凝练原则

培养标准与专业认证标准和专业规范接轨的同时，结合传统和新兴服务面向的发展需求，在专业方向、课程体系设置上突出专业特色。

4）目标细化原则

切实将总体培养要求细化落实到每门课程和课内外、校内外各个教学环节，实现知识、能力、素质等目标要素在各个培养环节中的有机融合，并根据课程目标、性质和内容设计最贴切的考核方式。通过统筹教学资源、整合师资队伍，保证课程教学目标的完成和人才培养总目标的最终实现。

2. 改革重点

1）推进通识教育选修课程改革

引入中外优质网络视频课程资源，实施本校精品通选课程开发，全面推进通选课改革。统一规划建设 4 类通选课：人文社科类、科学技术类、公共艺术类、创新创业类。为加强通识教育与专业教育的融会贯通，理工类学生至少修读人文社科类、公共艺术类、创新创业类课程各一门课程；人文社科类学生至少修读科学技术类、公共艺术类、创新创业类课程各一门课程；艺术类学生至少修读人文社科类、科学技术类、创新创业类课程各一门课程。

2）强化实践育人和创新创业教育

结合专业特点和人才培养要求，分类制订实践教学标准。着力关注知识的迁移与应用，以及"真刀真枪"的学习体验。广泛开展社会调查、生产劳动、志愿服务、公益活动、科技发明、勤工助学和挂职锻炼等社会实践活动。强化创新创业能力训练，提升大学生的综合素质，增强大学生的创新能力和在创新基础上的创业能力。

3）推进基于模块化课程的复合型本科人才培养

灵活应对专业人才就业市场变化，满足社会对复合型创新人才的需要，实施基于模块化课程的复合型本科人才培养计划。结合学生的职业规划与学校办学资源，在保留原有模式的基础上，构建基于专业组合的模块化课程体系。在通识课程以外的 120 左右学分中，学生可以学习跨专业的课程模块。

8.3　自动化技术在教育领域的应用

近年来，随着自动化技术和信息技术的快速发展，教育领域的教学手段和教学方法也在发生着翻天覆地的变化。一大批依赖于信息和网络的新兴教学模式涌现出来，这就使得学生的学习方式和获取知识的途径呈现出越来越多样化的特点。以 MOOC、微课、微教材以及翻转课堂等为代表的全新教学方式在教学活动，尤其是高等学校的教学活动中迅速发展起来。

8.3.1　MOOC

MOOC（massive open online courses），即大型开放式网络课程。MOOC 的起源可以追溯到 1962 年，美国发明家道格拉斯·恩格尔巴特开发了超文本系统和网络计算机的先驱，他倡导运用计算机和网络来协同解决世界上日益增长的紧急而又复杂的问题，并首次提出和强调使用计算机辅助学习的可能性。2007 年 8 月，大卫·怀利在美国犹他州州立大学开设了一门面向全球的研究生课程，在开放之前，这门课本来只有 5 名研究生选修，开放之后，有来自 8 个国家的 50 名学生选修这一课程，因此该门课程也被认为是第一门真正意义上的 MOOC。2011 年秋天，有超过 16 万人参与了由网络课程供应商 Udacity 开设的"人工智能导论"课程，这标志着 MOOC 取得了重大进展。2012 年，美国的顶尖大学陆续设立网络学习平台，在网上提供免费课程，Coursera、Udacity、edX 三大课程提供商的兴起，给更多学生提供了系统学习的可能。

2013 年起，MOOC 大潮席卷中国。2013 年 5 月，清华大学与美国在线教育平台 edX 同时宣布，清华大学正式加盟 edX，成为 edX 的首批亚洲高校成员之一。

2013 年 7 月，复旦大学、上海交通大学签约 "MOOC" 平台 Coursera。2013 年 10 月，清华大学正式推出 "学堂在线" 平台，面向全球提供在线课程，并与 edX 签约，引进哈佛、麻省理工、加州伯克利、斯坦福等世界一流大学的优秀 MOOC 课程。2014 年 5 月，由网易云课堂承接教育部国家精品开放课程任务，与爱课程网合作推出的 "中国大学 MOOC" 项目正式上线。

MOOC 这一教学手段之所以可以在短期内迅猛发展并在各个教育领域得到普及，原因可以归结为 MOOC 所具备的以下几个特点。

（1）MOOC 受众广：相比较于传统课程几十至上百的学生数量，MOOC 完全突破了人数限制，能够同时满足大规模的课程学习者学习。据报道，某一门在线课程曾达到过同时在线人数超过 8000 人的记录。

（2）MOOC 具有开放性：MOOC 课程突破了传统的课程在时间以及空间上的限制，依托互联网，世界各地的学习者都可以聆听到大师的声音，都可以修读世界著名高校的课程。

（3）MOOC 资源多样化：MOOC 课程可以整合多种国内外社交网络工具，同时可以充分利用各种形式的数字化资源，因此课程本身具有多元化的学习工具和丰富的可利用课程资源。

（4）MOOC 学习者具有很强的自主性：通常，MOOC 具有较高的入学率，同时，由于完全依赖学习者的兴趣和自主性，MOOC 也具有较高的辍学率，这就需要学习者具有较强的自主学习能力才能按时完成课程学习内容。

由于任何学习类型的信息都可以通过网络传播，因此，MOOC 这一教学手段适用于各个教育领域、教育层次，还可以应用于各学科间的交流学习以及特别教育的学习模式。基于信息技术和自动化技术的网络课堂，学习者可以在任何地方、用任何设备进行学习，让每个人都能免费获取来自世界顶级知识殿堂的资源，这便是 MOOC 的价值所在。

8.3.2　微课

微课，通常又称为 "微课程"，是指按照新课程标准及教学实践要求，以视频为主要载体，记录教师在课堂内外教育教学过程中围绕某个知识点（重点、难点、疑点）或教学环节而开展的精彩教与学活动全过程，具有目标明确、针对性强和教学时间短的特点。

微课的核心组成内容是课堂教学视频，同时还包含与该教学主题相关的教学设计、素材课件、教学反思、练习测试及学生反馈、教师点评等辅助性教学资源，它们以一定的组织关系和呈现方式共同营造出了结构化、主题式的资源单元。因此，微课既有别于传统单一资源类型的教学课例、教学课件、教学设计、教学反思等教学资源，又是在其基础上继承和发展起来的一种新型教学资源。

微课具有如下特点。

（1）教学时间较短：教学视频是微课的核心组成内容。根据教学内容和教学需要，高等教育"微课"的时长一般为 20 分钟左右。因此，相对于传统的 40 分钟或 45 分钟的一节课的教学课例来说，微课可以称为"课程片段"。而这一时长安排和组织形式恰恰为翻转课堂等教学方式提供了有效支撑。

（2）课程资源容量较小：从大小上来说，"微课"视频及配套辅助资源的总容量一般在几十到几百兆左右，视频格式通常为支持网络在线播放的流媒体格式，师生可流畅地在线观摩课例，查看教案、课件等辅助资源；也可灵活方便地将其下载保存到终端设备（如笔记本电脑、手机等）上实现移动学习，同时非常适合于教师的观摩、评课、反思和研究。

（3）资源构成"情景化"：资源使用方便。"微课"选取的教学内容一般要求主题突出、指向明确、相对完整。它以教学视频片段为主线进行教学设计，并整合课堂教学时使用到的多媒体素材和课件、教师课后的教学反思、学生的反馈意见及学科专家的文字点评等相关教学资源，共同构成了一个主题鲜明、类型多样、结构紧凑的"教学片段"。

（4）主题突出、内容具体：通常情况下，一堂微课只围绕一个主题，研究的问题来源于教育教学具体实践中的具体问题，或是教学反思、或是难点突破、或是重点强调、或是学习策略、或是热点研讨、或是工程应用实例等具体完整的主题内容。

8.3.3　翻转课堂

翻转课堂，来源于"flipped classroom"或"inverted classroom"的译文，是指重新调整课堂内外的时间，将学习的决定权从教师转移给学生。与传统的课堂教学模式不同，在"翻转课堂式教学模式"下，学生通过 MOOC、微课等形式在家完成知识的学习，而课堂变成了老师与学生之间和学生与学生之间互动的场所，包括答疑解惑、研讨拓展以及知识运用等，从而达到更好的教育效果。

翻转课堂这一新兴的教学方式，紧密依托于信息技术，具有如下特点。

1. 以 MOOC 和微课为基础并带来增值

学生对课程教学内容的学习可以来自于微课和 MOOC 等在线课程，这些课程既可以由课程供应商提供，又可以由任课教师根据学生基础和研究方向的不同自行录制。每门课程的教学内容根据教学大纲被分为数十个知识点，时间跨度在 10~30 分钟，非常符合现代人知识学习模式。学生在线上学习时，对于不懂的内容可以反复观看、反复学习，通过在线测试，可以及时了解对所学内容的掌握情况。

2. 增加反馈环节，重构教学模式

采用翻转课堂形式开展教学活动的授课教师，可以从学生观看视频的情况，了解到学生的学习次数以及任意一段视频的重复次数，并从中分析学生的学习情况和视频讲解的清楚与否，从而判断出教学效果不好的原因。因此，在开展教学活动前，教师就已经对本次教学中存在的问题有了较深入的了解和认识，在开展教学活动的时候就可以有的放矢，而不需要等到期末考试才得到反馈，延迟反馈很大程度上得到了改进。从反馈的角度看，基于在线教学的翻转课堂改变了传统课堂教学模式中的反馈滞后的问题。

综上可见，自动化技术的发展和影响促生了各种新兴教学模式，使得传统课堂发生了巨大转变，在提高学习效率和教学效果上发挥了重要作用，虽然在信息反馈手段和类型等方面还需进一步完善和改进，但是自动化技术对于教育领域的贡献不容小觑。

参 考 文 献

伯格曼，萨姆斯. 2015. 翻转学习[M]. 北京：中国青年出版社

蔡海卫. 2005. 船舶电气自动化发展趋势[J]. 中国水运，（12）：44-45

常杉. 2013. 工业 4.0：智能化工厂与生产[J]. 化工管理，（11）：21-23

戴先中，赵光宙. 2006. 自动化学科概论[M]. 北京：高等教育出版社

高金源，夏洁. 2007. 计算机控制系统[M]. 北京：清华大学出版社

韩璞. 2007. 自动化专业概论[M]. 北京：中国电力出版社

何克忠，李伟. 2012. 计算机控制系统[M]. 北京：清华大学出版社

何衍庆，俞金寿，蒋慰孙. 2003. 工业生产过程控制[M]. 北京：化学工业出版社

康正. 2007. 基于网络维力的船舶客户需求与对策研究[D]. 哈尔滨：哈尔滨工程大学

李擎. 2011. 计算机控制系统[M]. 北京：机械工业出版社

李武. 2004. 论我国医学检验的发展趋势[J]. 哈尔滨医药，24（1）：41-42

李晓明. 2015. 慕课[M]. 北京：高等教育出版社

李宗密. 2008. 家居环境中人机交互设计研究[D]. 北京：北京理工大学

刘富强. 2003. 数字视频监控系统开发及应用[M]. 北京：机械工业出版社

刘建昌，关守平，周玮，等. 2009. 计算机控制系统[M]. 北京：科学出版社

刘美丽. 2010. 现代工业条件下工业自动化的特点与作用[J]. 现代制造技术与装备，（3）：73-74

刘延林. 2010. 柔性制造自动化概论[M]. 武汉：华中科技大学出版社

刘忠伟，邓英剑. 2011. 先进制造技术[M]. 3 版. 北京：国防工业出版社

卢金丽. 2009. VTC10080d 立式双刀架数控车床设计与动静态特性分析[D]. 长春：吉林大学

孟松，徐慧朴. 2003. 追踪船舶自动化发展趋势加强嵌入式系统教学[J]. 航海教育研究，4：64-65

牛玉广，范寒松. 2002. 计算机控制系统及其在火电厂中的应用[M]. 北京：中国电力出版社

钱学森，宋健. 2011. 工程控制论[M]. 北京：科学出版社

秦刚，陈中孝，陈超波. 2013. 计算机控制系统[M]. 北京：中国电力出版社

孙彦广. 2004. 冶金自动化技术现状和发展趋势[J]. 冶金自动化，28（1）：1-5

孙彦广. 2008. 我国冶金自动化技术进展和发展趋势分析[J].自动化博览，25（2）：16-19

孙优贤，褚健. 2006. 工业过程控制技术（方法篇）[M]. 北京：化学工业出版社

孙优贤，等. 2016. 控制工程手册（上、下册）[M]. 北京：化学工业出版社

孙优贤，邵惠鹤. 2006. 工业过程控制技术（应用篇）[M]. 北京：化学工业出版社

孙子健. 2003. 试分析工业自动化的未来与现状[M]. 北京：机械工业出版社

万百五. 2010. 自动化（专业）概论[M]. 武汉：武汉理工大学出版社

汪晋宽，于丁文，张健. 2006. 自动化概论[M]. 北京：北京邮电大学出版社

王锦标. 2008. 计算机控制系统[M]. 北京：清华大学出版社

王玲，张彬祥. 2016. 船舶通信导航技术及发展趋势[J]. 舰船电子工程，36（3）：17-21

王隆太. 2012. 先进制造技术[M]. 北京：机械工业出版社

王世远. 2003. 21 世纪船舶集成导航系统[J]. 中国航海，（1）：1-6

王友清，周东华，高福荣. 2013. 迭代学习控制的二维模型理论及其应用[M]. 北京：科学出版社

维纳. 2009. 控制论：或关于在动物和机器中控制和通信的科学[M]. 2 版. 郝季仁，译. 北京：科学出版社

武飞. 2008. 船舶信息系统的网络研究与设计[D]. 武汉：武汉理工大学

徐文尚. 2007. 计算机控制系统[M]. 北京：北京大学出版社

许国康. 2008. 大型飞机自动化装配技术[J]. 航空学报，29（3）：374-376

杨佩昆. 2011. 智能交通运输系统体系结构[M]. 上海：同济大学出版社

于微波，张德江. 2011. 计算机控制系统[M]. 北京：高等教育出版社

羽佳. 2000. 航天器的系统组成[J]. 航天返回与遥感，（2）：64-67

张达勇. 2010. 我国智能家居的历史与现状[J]. 智能建筑，（114）：16-17

张海涛，哈建林. 2006. 船舶自动化发展趋势[J]. 中国水运（理论版），2006（5）：10-11

张秀彬，应俊豪. 2011. 汽车智能化技术原理[M]. 上海：上海交通大学出版社

赵国栋. 2015. 微课、翻转课堂与慕课实操教程[M]. 北京：北京大学出版社

赵曜. 2009. 自动化概论[M]. 北京：机械工业出版社

中国金属学会. 2009. 2008—2009 冶金工程技术学科发展报告[M]. 北京：中国科学技术出版社

中国金属学会. 2014. 2012—2013 冶金工程技术学科发展报告[M]. 北京：中国科学技术出版社

中国科学技术协会. 2014. 2012—2013 控制科学与工程学科发展报告[M]. 北京：中国科学技术出版社

Kato K，Nakao T. 1998. ITS system architecture development. Proceedings of the 5th World Congress Oil Intelligent Transport Systems，Seoul